MÉTODO DE **PESQUISA** QUALITATIVA

Bruno Américo

Pesquisador do Grupo de Estudos de
Criatividade e Inovação (GECI/UFES)

MÉTODO DE PESQUISA QUALITATIVA

*Analisando fora da caixa a
Prática de Pesquisar Organizações*

ALTA BOOKS
EDITORA

Rio de Janeiro, 2021

Métodos de Pesquisa Qualitativa

Copyright © 2021 da Starlin Alta Editora e Consultoria Eireli.
ISBN: 978-65-5520-406-3

Todos os direitos estão reservados e protegidos por Lei. Nenhuma parte deste livro, sem autorização prévia por escrito da editora, poderá ser reproduzida ou transmitida. A violação dos Direitos Autorais é crime estabelecido na Lei nº 9.610/98 e com punição de acordo com o artigo 184 do Código Penal.

A editora não se responsabiliza pelo conteúdo da obra, formulada exclusivamente pelo(s) autor(es).

Marcas Registradas: Todos os termos mencionados e reconhecidos como Marca Registrada e/ou Comercial são de responsabilidade de seus proprietários. A editora informa não estar associada a nenhum produto e/ou fornecedor apresentado no livro.

Impresso no Brasil — 1ª Edição, 2021 — Edição revisada conforme o Acordo Ortográfico da Língua Portuguesa de 2009.

Erratas e arquivos de apoio: No site da editora relatamos, com a devida correção, qualquer erro encontrado em nossos livros, bem como disponibilizamos arquivos de apoio se aplicáveis à obra em questão.

Acesse o site www.altabooks.com.br e procure pelo título do livro desejado para ter acesso às erratas, aos arquivos de apoio e/ou a outros conteúdos aplicáveis à obra.

Suporte Técnico: A obra é comercializada na forma em que está, sem direito a suporte técnico ou orientação pessoal/exclusiva ao leitor.

A editora não se responsabiliza pela manutenção, atualização e idioma dos sites referidos pelos autores nesta obra.

Produção Editorial
Editora Alta Books

Gerência Comercial
Daniele Fonseca

Editor de Aquisição
José Rugeri
acquisition@altabooks.com.br

Produtores Editoriais
Illysabelle Trajano
Maria de Lourdes Borges
Thales Silva
Thiê Alves

Marketing Editorial
Livia Carvalho
Gabriela Carvalho
Thiago Brito
marketing@altabooks.com.br

Equipe de Design
Larissa Lima
Marcelli Ferreira
Paulo Gomes

Diretor Editorial
Anderson Vieira

Coordenação Financeira
Solange Souza

Assistente Editorial
Mariana Portugal

Equipe Ass. Editorial
Brenda Rodrigues
Caroline David
Raquel Porto

Equipe Comercial
Adriana Baricelli
Daiana Costa
Fillipe Amorim
Kaique Luiz
Victor Hugo Morais
Viviane Paiva

Atuaram na edição desta obra:

Revisão Gramatical
Aline Vieira
Carolina Ponciano

Diagramação
Catia Soderi

Capa
Rita Motta

Ouvidoria: ouvidoria@altabooks.com.br

Editora afiliada à:

Dados Internacionais de Catalogação na Publicação (CIP) de acordo com ISBD

A512m	Américo, Bruno
	Métodos de Pesquisa Qualitativa: Analisando fora da caixa a Prática de Pesquisar Organizações / Bruno Américo. - Rio de Janeiro : Alta Books, 2021.
	208 p. ; 16cm x 23cm.
	Inclui bibliografia e índice.
	ISBN: 978-65-5520-406-3
	1. Metodologia de pesquisa. 2. Métodos de Pesquisa Qualitativa. I. Título.
2021-3984	CDD 001.42
	CDU 001.81

Elaborado por Vagner Rodolfo da Silva - CRB-8/9410

Rua Viúva Cláudio, 291 — Bairro Industrial do Jacaré
CEP: 20.970-031 — Rio de Janeiro (RJ)
Tels.: (21) 3278-8069 / 3278-8419
www.altabooks.com.br — altabooks@altabooks.com.br

Sumário

Agradecimentos 13
Dedicatória 15

INTRODUÇÃO

Iniciando o Projeto de Pesquisa de Natureza Qualitativa 17
    Como se (pós) graduar na Administração Pública, de empresas,
        Ciências Contábeis e/ou Turismo? 19
    Sobre Estratégias de Pesquisa Qualitativa 20
    Sobre Métodos de Pesquisa Qualitativa 21
    A constituição do projeto de pesquisa de Natureza Qualitativa —
        a perspectiva do livro 22
    A constituição do projeto de pesquisa de Natureza Qualitativa –
        a perspectiva tradicional 23
    A constituição do projeto de pesquisa de Natureza Qualitativa –
        a proposta do livro é aceita pelas áreas da Administração? 25
    Como acessar o campo da pesquisa organizacional? 26
    O esqueleto do livro e de seus capítulos 27
    Ética na pesquisa qualitativa 33

CAPÍTULO 1

Iniciando Pesquisas Qualitativas 35
    Introdução 37
        Começando a pesquisa 38

Os primeiros dias da vida na escola 39

Da observação para o Método de Pesquisa 41

    Primeira regra metodológica

    Segunda regra metodológica

    Terceira regra metodológica

Entendendo a vida de Administração através de IOs 45

    O modo de gestão escolar/educacional por meio da produção de "boletins" e "projetos".

Entendendo a "inclusão" de práticas "conflitantes" 50

    A produção de "projetos educacionais" e a realidade trabalhista de professores

    A produção de "boletins" exitosos

Discutindo possibilidades de uso do Método de Pesquisa IOs e das três regras metodológicas 56

Considerações Finais 60

CAPÍTULO 2

Escrevendo a Revisão da Literatura 67

Introdução 69

Fundamentando pesquisas qualitativas 70

A Inscrição Literária 74

Descrevendo Jermier (1985) – os usos feitos pelo exemplar sob análise 75

Artigos que citam o texto analisado – os usos feitos do exemplar 79

1985-1995 80

1996-2006 83

2007-2019 90

1985-2019: Discussão 96

Considerações finais 99

CAPÍTULO 3

Coletando e analisando dados qualitativos 105

   Introdução 107

      O caso e os personagens em contexto 108

      Aula de metodologia de pesquisa qualitativa, seguida de reunião 109

      Descrevendo e ensinando o caminho metodológico trilhado pela pesquisa 113

           A resolução (temporária) das controvérsias

           Ensinando (passo a passo) a empregar metodologicamente
              as controvérsias em negociação

      Coletando e analisando dados por meio de controvérsias: uma descrição
          passo a passo 116

           O caso em contexto

           A coleta de dados

           Análise dos dados

      Analisando práticas administrativas e organizacionais por meio
          de controvérsias 126

           A Rede da Assinatura do Contrato nº 77/2015.
           Revivendo uma Controvérsia Traumática por causa de problemas
              com o faturamento

      Controvérsias abalando a gestão do HU 129

           Calcanhar de Aquiles: entre Erros e Correções de planilhas "técnicas"
           Ataques internos "sociais" à entrada da Brastump no HU
           Mas afinal, as controvérsias são "técnicas" ou "sociais'?

   Discussão 135

           Controvérsias antecedentes e o ordenamento organizacional

   Considerações finais 137

CAPÍTULO 4

Escrevendo Pesquisas Qualitativas 141

    Introdução 143

    Escrevendo Pesquisas Qualitativas 143

    Os primeiros dias: a vida de UFPB 145

    A primeira aula de pesquisa qualitativa 148

    O embate: orientando "quantitativo" orientador "qualitativo" 154

    A primeira reunião 155

    As aulas sobre redação: fase inicial da pesquisa 156

    Aulas sobre coleta e análise dos dados: redigindo achados da pesquisa 159

        Bate-boca sobre redação da coleta e análise de dados

    A aula sobre redação final da pesquisa 163

        O(a) estudante quantitativo(a) na consultoria

    Considerações finais 167

CONSIDERAÇÕES FINAIS

Sobre fins e recomeços na pesquisa qualitativa 173

    (Re)compondo a pesquisa qualitativa 177

        A submissão inicial de uma pesquisa

        Banho de realidade

    Um outro local de publicação, um novo plano de escrita 179

        Nova submissão, mas com nova pesquisa

        Nova submissão em contexto

        Concluindo: Revisão Profunda (*major revision*) das 4 etapas percorridas

    Bibliografia 189

    Índice 203

Índice de Figuras

OS TEMPLATES PARA PENSAR A PESQUISA QUALITATIVA ESTÃO <u>SUBLINHADOS</u> E EM **NEGRITO**.

Figura 1: Elementos que constituem um projeto de pesquisa de Natureza Qualitativa. 22

Figura 2: Relação intrínseca entre "métodos" e "práticas". 23

Figura 3: Relação equivocada. 24

Figura 4: As quatro fases não lineares propostas pelo livro. 33

Figura 5: Trabalho burocrático, rituais organizacionais e novas questões. 44

Figura 6: Layout da escola. 47

Figura 7: Caminho metodológico para a investigação dos modos administrativos de existência. 58

<u>**Figura 8: Ficha do projeto de pesquisa, contento título, objetivo geral, objetivos específicos e questões de entrevistas.**</u> 61

<u>**Figura 9: Guia para analisar pesquisas exemplares (seminais) criticamente.**</u> .. 75

Figura 10: O caminho para o conhecimento proposto por Jermier (1985). 78

Figura 11: Ensaios que citaram Jermier (1985) de 1985 a 1995 — cited, em tradução livre: citado. 80

Figura 12: Ensaios que citaram Jermier (1985) de 1996 a 2006. 84

Figura 13: Ensaios que citam Jermier (1985) 2007-2019. 90

Figura 14: Asserções sobre os enunciados de Jermier (1985): 1985 a 2019. 97

<u>**Figura 15: Roteiro de observação para pensar o trabalho no campo.**</u> 110

<u>**Figura 16: A coleta de dados por meio de controvérsias em negociação.**</u> 120

Figura 17: Rede temporária desempenhada pelo Contrato. 127

Figura 18: Rotina do Contrato para faturamento mensal da prestação de serviço da Brastump. 128

Figura 19: Documentos de faturamento entregues mensalmente pela Brastump ao HU. 131

Figura 20: Atores alistados/disciplinados à rede do Contrato até o terceiro mês de prestação de serviços. 135

Índice de Tabelas

OS TEMPLATES PARA PENSAR A PESQUISA QUALITATIVA ESTÃO <u>SUBLINHADOS</u> E EM **NEGRITO**.

Tabela 1: Métodos de Pesquisa emergentes e suas características metodológicas. 30

Tabela 2: <u>Exemplos da pesquisa para cada "regra metodológica" e para o "Método de Pesquisa"</u>. 59

Tabela 3: Leituras complementares. 65

Tabela 4: Ensaios que citaram Jermier (1985) de 1985 a 1995. 81

Tabela 5: Textos que citaram Jermier (1985) de 1996 a 2006. 85

Tabela 6: Ensaios que citam Jermier (1985) de 2007 a 2019. 92

Tabela 7: Leituras complementares. 101

Tabela 8: <u>Informações sobre o uso dos dados em cada etapa do processo de pesquisa</u>. 123

Tabela 9: Leituras complementares. 139

Tabela 10: Programa de Pesquisa da disciplina de pesquisa qualitativa. 151

Tabela 11: <u>Categorização ativa dos dados qualitativos</u>. 165

Tabela 12: Temas relevantes para as noções de "rigor" e "estética" na escrita da pesquisa qualitativa. 169

Tabela 13: Leituras complementares. 172

Tabela 14: Resumo dos comentários feitos pelo editor da RNAE. 180

Tabela 15: Resumo da Major Revision. 186

Agradecimentos

Agradeço, em primeiro lugar, às diversas universidades que frequentei ao longo da minha vida acadêmica. Em especial, às universidades públicas, que possibilitaram o desenvolvimento das pesquisas que integram este livro, já que foi através delas que pude me relacionar com disciplinas, regulamentos, editais, crenças, redes de pesquisa, bolsas, professores(as), colegas e amigos(as). Somente assim, tornou-se possível a produção do conhecimento sobre o conhecimento.

No que diz respeito ao caminho que percorri nas universidades públicas, agradeço especialmente aos meus ex-orientadores: Adriana Takahashi, César Tureta e Stewart Clegg.

Ademais de Stewart Clegg e César Tureta, o livro conta com outros dois coautores – Adonai Lacruz e Fagner Carniel – que igualmente conheci e convivi nos corredores de universidades públicas. A eles, minha profunda gratidão pela parceria e postura crítica no decorrer do desenvolvimento desse trabalho.

Por fim, agradeço à minha esposa e nossos filhos, à família da minha esposa, aos meus pais, a meu irmão e sua família, a meus amigos e amigas.

Mais uma vez: Obrigado!

Dedicatória

Dedico este livro a todos(as) que precisam escrever um trabalho de conclusão de curso, seja monografia, dissertação e/ou tese. Este projeto foi escrito para pessoas de carne e osso, que conciliam seus estudos e suas pesquisas em paralelo ao trabalho, família, interesses pessoais, pressões, emoções e ansiedades. A prática de realizar e escrever um estudo desse teor provoca sensações e sentimentos inusitados. Logo, espero que este livro ajude pesquisadores a seguirem em frente e aproveitarem o contraditório! Não é sempre que é preciso escrever um projeto de pesquisa, em uma instituição universitária, assessorado por materiais, professores, ideias, laços, insights, ferramentas e inovações. Então, deixe que a escrita e a pesquisa qualitativa envolvam escritores, interlocutores e leitores, trazendo à tona o melhor de cada um!

Introdução: Iniciando o Projeto de Pesquisa de Natureza Qualitativa

Escrito por Bruno Luiz Américo

Métodos de pesquisa qualitativa emergentes são apresentados ao longo deste livro para descomplicar a prática de pesquisar organizações. Por "prática de pesquisar organizações", entende-se as ações diversas abarcadas, tais como: fazer a pesquisa acontecer em si; produzir uma revisão da literatura especializada; coletar e analisar dados; escrever a pesquisa organizacional.

Em específico, os métodos de pesquisa qualitativa apresentados no livro endereçam-se a estudantes, pesquisadores e demais interessados(as) pelo campo de estudos da Administração Pública e/ou de empresas, Ciências Contábeis e/ou Turismo.

COMO SE (PÓS) GRADUAR NA ADMINISTRAÇÃO PÚBLICA, DE EMPRESAS, CIÊNCIAS CONTÁBEIS E/OU TURISMO?

A obtenção do grau de bacharel em uma das áreas da Administração não é uma tarefa fácil, pois é preciso, ao longo da graduação, cursar inúmeras disciplinas. Ao final, é necessário também construir o que se convencionou chamar de trabalho de conclusão de curso (TCC); ou seja, administradores, contadores e turismólogos em treinamento precisam elaborar e escrever um projeto de pesquisa de natureza qualitativa e/ou quantitativa.

Para aqueles(as) interessados(as) em continuar seus estudos, o mestrado, o doutorado e o pós-doutorado se apresentam como alternativas, demandando o desenvolvimento de novos projetos de pesquisa — a exemplo da dissertação e da tese.

Esta obra foca no projeto de pesquisa – TCC, dissertação, tese – de Natureza Qualitativa, que pode ser pensado e escrito por qualquer pessoa, a exemplo de pesquisadores em treinamento em uma das áreas da Administração.

> **COMO SABER SE PRECISO DESENVOLVER UMA PESQUISA QUANTITATIVA OU QUALITATIVA?**
>
> Como nos ensina Silverman (2016), a pesquisa quantitativa é apropriada para trabalhar com variáveis e a pesquisa qualitativa para analisar práticas e experiências. Um estudo quantitativo explora, por exemplo, o impacto da profissionalização da gestão (variável independente) na performance organizacional (variável dependente). Em contrapartida, um estudo qualitativo pode analisar, para dar outro exemplo, em que medida uma nova regulamentação trabalhista pode influenciar na emoção e na produtividade dos trabalhadores afetados por ela.

A pesquisa de Natureza qualitativa é operacionalizada por meio de diferentes (1) Estratégias e (2) Métodos de Pesquisa (Godoi, Bandeira-de-Mello e Silva, 2006; Gray, 2016; Martins e Theóphilo, 2007). Por um lado, o(a) pesquisador(a) precisará escolher entre as variadas Estratégias de Pesquisa, como etnografia, estudo de caso, pesquisa-ação e levantamento da literatura. Por outro lado, investigadores têm que optar por diferentes Métodos de Pesquisa, a exemplo da análise documental, entrevistas, questionários, vídeos, fotos.

É importante notar que, uma vez que o(a) pesquisador(a) escolha, a Estratégia de Pesquisa selecionada informa os Métodos de Pesquisa definidos, e vice-versa.

SOBRE ESTRATÉGIAS DE PESQUISA QUALITATIVA

Primeiramente, vamos tratar das Estratégias de Pesquisa. Apesar de não constituírem o foco deste livro, elas são táticas utilizadas para conduzir a pesquisa social aplicada.

O estudo de caso, a netnografia, a etnografia, a narrativa fenomenológica, a pesquisa histórica, o levantamento sistemático da literatura, a pesquisa-ação, os estudos baseados em práticas, são exemplos de Estratégias de Pesquisa tradicionais e consolidadas.

Há também Estratégias de Pesquisa emergentes, que igualmente podem ser utilizadas para inquirir sobre o modo como as organizações administram suas ações, a saber: etnodrama (teatro) (Saldaña, 2018); questionamentos sobre justiça social (Charmaz, Thornberg e Keane, 2018); pesquisa-ação participatória e crítica sobre violência de Estado (Torre, Stoudt, Manoff e Fine, 2018).

SOBRE MÉTODOS DE PESQUISA QUALITATIVA

Já os Métodos de Pesquisa dizem respeito à prática de coleta e análise de dados: é aqui que recai o interesse deste livro. Os Métodos de Pesquisa de Natureza Qualitativa podem e devem ser entendidos como ferramentas de coleta e análise de dados concomitantemente.

A prática de coleta e análise de dados é necessária para compor o projeto de pesquisa de Natureza Qualitativa. Como evidenciado por este livro, coletamos e analisamos dados para escrever cada etapa do projeto de pesquisa de Natureza Qualitativa, desde a Introdução até as Considerações Finais. Ensina-se, detalhadamente, a usar algumas ferramentas de forma empírica, "fora da caixa", para coletar e analisar dados organizacionais subjetivos (Jermier, 1985) e processuais (Langley, 1999), que teoricamente contribuem com a literatura sobre qualidade da pesquisa qualitativa.

Há diversos estudos que promovem a melhora da qualidade da pesquisa qualitativa por meio de investigações que mesclam conhecimento tradicional e emergente; ciência e estética; escrita rigorosa e gêneros/estilos literários; métodos narrativos e cênicos (Caulley, 2008). Em especial, há uma preocupação crescente nas áreas da Administração com relação à utilização de poucas abordagens para análise de dados qualitativos e à pouca diversidade de métodos de pesquisa organizacional qualitativa (Bansal, Smith e Vaara, 2018).

No que se refere à **coleta de dados**, o livro busca elucidar, ao longo dos capítulos, como utilizar documentos e como se deve observar e acessar as organizações (capítulos 1 e 2); como usar audiovisuais e observação não participante para narrar os achados da pesquisa a partir do cotidiano da organização estudada (capítulo 3); e como empregar entrevistas (semi) estruturadas para pensar a pesquisa organizacional qualitativa (capítulo 4).

A **análise de dados** faz-se presente nos quatro capítulos, onde dados processuais são analisados por meio de estratégias narrativas (*narrative strategy*), delimitações temporais (*temporal bracketing strategy*) e mapeamentos visuais (*visual mapping strategy*), seguidas pela busca de temas e categorias em relação às práticas, aos materiais e às questões organizacionais que trabalhadores consideram relevantes (Langley, 1999).

A CONSTITUIÇÃO DO PROJETO DE PESQUISA DE NATUREZA QUALITATIVA — A PERSPECTIVA DO LIVRO

Conforme explicitado na imagem a seguir, a pesquisa de Natureza Qualitativa é operacionalizada pela Estratégia de Pesquisa, que informa e é informada pelos Métodos de Pesquisa, ou seja, pelos procedimentos de coleta e análise de dados. A Figura 1, a seguir, evidencia os elementos que constituem um projeto de pesquisa de Natureza Qualitativa:

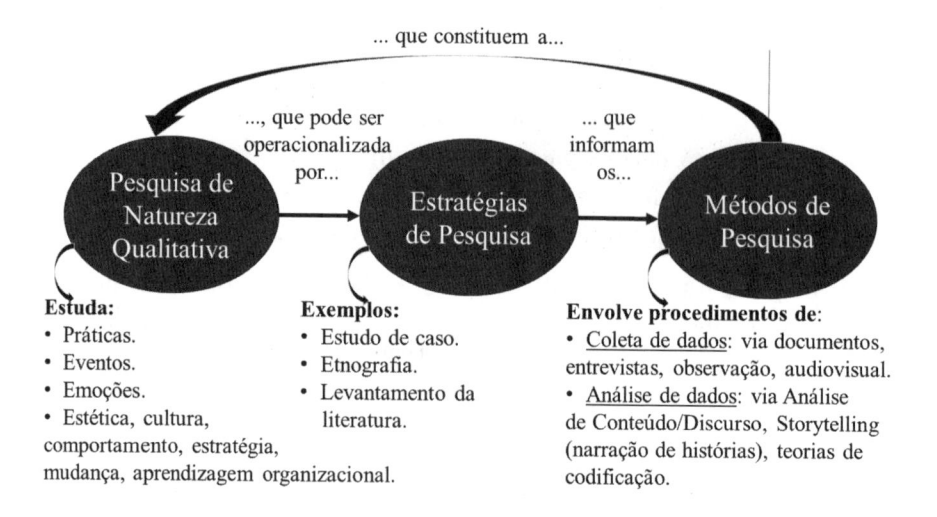

... que constituem a...

Pesquisa de Natureza Qualitativa ..., que pode ser operacionalizada por... **Estratégias de Pesquisa** ... que informam os... **Métodos de Pesquisa**

Estuda:
- Práticas.
- Eventos.
- Emoções.
- Estética, cultura, comportamento, estratégia, mudança, aprendizagem organizacional.

Exemplos:
- Estudo de caso.
- Etnografia.
- Levantamento da literatura.

Envolve procedimentos de:
- Coleta de dados: via documentos, entrevistas, observação, audiovisual.
- Análise de dados: via Análise de Conteúdo/Discurso, Storytelling (narração de histórias), teorias de codificação.

Figura 1: Elementos que constituem um projeto de pesquisa de Natureza Qualitativa.
Fonte: Elaborada pelo organizador do livro.

Nas perspectivas dos "métodos" inscritos neste livro, um primeiro ponto merece destaque: o(a) pesquisador(a), em ação, deve iniciar a coleta e a análise de dados sem ser guiado por conceitos de enquadramentos teóricos específicos que restrinjam o número de fenômenos a serem observados. Por conseguinte, nos quatro capítulos apresentados mais adiante, parte-se da coleta e análise de dados para somente depois estabelecer diálogo com a literatura. Como exemplo, se sou leitor da literatura sobre Poder e vou estudar um escritório contábil ou um hotel na perspectiva dos estudos sobre Poder, é provável que estruturarei a observação ou as entrevistas de tal modo que a pesquisa versará sobre controle e resistência ao controle. Com isso, este texto não afirma que não devemos estudar Poder, mas apenas cita um exemplo para demonstrar em que medida uma "teoria" pode guiar os "achados" de um projeto de pesquisa de Natureza Qualitativa antes mesmo do seu início, excluindo, assim, outras possibilidades analíticas.

Outro ponto a ser destacado, portanto: a escolha dos Métodos de Pesquisa deve ocorrer em relação à Prática Organizacional e o Estilo de Gestão que tais métodos devem investigar. Do mesmo modo, a relação entre "métodos" e "práticas" deve ser considerada antes de escolher a Estratégia da Pesquisa e a literatura especializada com a qual o projeto de pesquisa deve dialogar.

Figura 2: Relação intrínseca entre "métodos" e "práticas".
Fonte: Elaborada pelo organizador do livro.

A CONSTITUIÇÃO DO PROJETO DE PESQUISA DE NATUREZA QUALITATIVA – A PERSPECTIVA TRADICIONAL

No entanto, é comum que concepções (Creswell, 2010 — pós-positivista, construtivista, reivindicatória e pragmatista) ou paradigmas (Burrel e

Morgan, 1979 — funcionalistas, interpretativistas, humanistas radicais e estruturalistas radicais) guiem a Estratégia e os Métodos de Pesquisa de Natureza Qualitativa.

Como demonstra a Figura 3, a relação entre "concepções" e "métodos" restringe a liberdade de pesquisadores no campo durante a investigação e guia os achados da pesquisa.

Hoje, as áreas da Administração apresentam uma forma de existência não paradigmática (Clegg, Hardy, Lawrence e Nord, 2006). Com isso, é no espírito não paradigmático que esta obra amplia o número de Métodos de Pesquisa, colaborando com a literatura sobre qualidade na pesquisa qualitativa e possibilitando que pesquisadores possam investigar organizações e práticas, a despeito de qualquer concepção teórica ou filosófica.

```
        ┌─────────────┐          ┌─────────────┐
        │ Concepções  │   ───►   │  Métodos de │
        │  teóricas/  │          │ Pesquisa de │
        │ filosóficas │   ◄───   │   Natureza  │
        │             │          │  Qualitativa│
        └─────────────┘          └─────────────┘
                      \_____/
                          │
        ┌─────────────────────────────────────┐
        │ A aceitação equivocada desta relação: │
        │ • Reduz a liberdade do(a) pesquisador(a). │
        │ • Guia os achados do projeto de pesquisa. │
        └─────────────────────────────────────┘
```

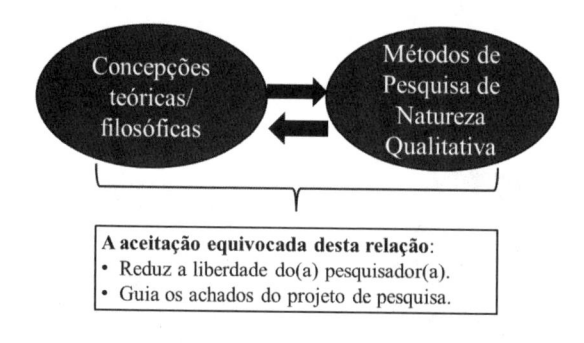

Figura 3: Relação equivocada.
Fonte: Elaborada pelo organizador do livro.

> **CURIOSIDADE**
>
> Paradigma como exemplar da teoria do conhecimento é um modelo com estratégias, métodos e valores, que orienta o desenvolvimento de pesquisas. Busca-se a solução de problemas levantados pelas pesquisas desenvolvidas à imagem dos paradigmas — por exemplo, posso me propor a entender a organização como máquina, como cérebro, como cultura (confira Morgan, 1996). Contudo, na direção oposta, este livro sugere que a prática da organização estudada deve orientar o desenvolvimento de pesquisas.

A CONSTITUIÇÃO DO PROJETO DE PESQUISA DE NATUREZA QUALITATIVA – A PROPOSTA DO LIVRO É ACEITA PELAS ÁREAS DA ADMINISTRAÇÃO?

Hoje em dia, uma enorme gama de periódicos científicos nacionais e internacionais publicam investigações que utilizam Métodos de Pesquisa pouco convencionais (a exemplo da Organization Studies, Journal of Management Inquiry, Organization, European Management Journal, Cadernos EBAPE, Organizações & Sociedade).

Inúmeros Métodos de Pesquisa emergentes, publicados nesses periódicos, surgem da necessidade de se investigar organizações alternativas — como cooperativas, associações, clubes de troca, empresas autogestionárias —, as quais muitas vezes ficam de fora dos discursos organizacionais e das linguagens das escolas de negócio com foco em lucro, poder, receita, inovação (Cabantous, Gond, Harding e Learmonth, 2016; Heras-Saizarbitoria, 2014; Leca, Gond e Cruz, 2014).

Trata-se, portanto, de novas formas organizacionais, como redes de colaboração e de alianças estratégicas (Clegg, 1990), incluindo as inovações, mercados e contextos que as mesmas têm a capacidade de gerar (Daft e Weick, 1984; Hamel e Prahalad, 1994; Cabantous et al., 2016).

"Métodos de Pesquisa qualitativa" contribuem para versar sobre organizações e suas práticas, visando "abranger possibilidades que atualmente são quase impensáveis" (Cabantous et al., 2016, p. 23, tradução nossa).

COMO ACESSAR O CAMPO DA PESQUISA ORGANIZACIONAL?

Antes de tratarmos dos Métodos de Pesquisa, é importante questionar: como pensar o campo de pesquisa organizacional? Como se relacionar com tal campo de pesquisa?

Para Latour e Woolgar (1997) e Tim Ingold (2011) o campo não deve ser idealizado como um lugar ou um conceito objetivo, mas uma construção abstrata que permite ao(a) pesquisador(a) se afastar e imaginar, em retrospectiva, construções, realizações, inovações e controvérsias, descrevendo-as por meio da escrita.

Segundo Latour e Woolgar (1997, p. 239), trata-se de uma palavra complexa, pois "denota simultaneamente o campo científico e a ideia de um 'campo agonístico'. Na segunda acepção, a palavra campo (usada por Bourdieu) denota o efeito de um indivíduo sobre os movimentos de todos os outros e refere-se mais a afirmações do que a uma organização".

Nesse sentido, as organizações e as práticas organizacionais devem ser imaginadas em um campo combativo e discursivo em construção (Latour e Woolgar, 1997), onde não há espaço social autônomo em relação às regras próprias ou uma estrutura de posições em busca de legitimidade (Bourdieu, 1977) determinante ao que fica "dentro" e o que fica "fora". Sai a noção de que existe uma "estrutura" ou "contexto" que deve ser controlado para que uma meta organizacional possa ser atingida, entrando a ideia de que existem "múltiplas estruturas organizacionais" relacionadas e em construção, que também devem ser observadas. De tal modo, a pesquisa organizacional deve considerar que, no campo, os enunciados podem ser transformados em realidades factuais (como novos produtos ou soluções) e em artefatos organizacionais (sistemas ou banco de dados). Com isso, materialidades são inventadas, implementadas, vendidas ou, podem ainda, ser desconsideradas, tornando-se rarefeitas (Latour e Woolgar, 1997).

Destarte, o campo organizacional pode ser pensado enquanto um espaço (abstrato, múltiplo, complexo e heterogêneo) no qual afirmações são transformadas em organizações tradicionais/emergentes, práticas organizacionais, livros, handbooks, documentos, contratos, implementações, estilos de gestão, ordenamentos, produtos, serviços, acordos, tratados, e até mesmo, desacordos.

Evidencia-se aqui que o(a) pesquisador(a) pode encontrar nas organizações diversos campos de pesquisa organizacional: espaços a partir dos quais é factível pesquisar a construção de (arte)fatos organizacionais, como textos, livros contábeis, controvérsias organizacionais, agendas e calendários organizacionais, trabalho e artefatos burocráticos.

Desse modo, cada Método de Pesquisa alternativo introduzido é descrito a partir de distintos campos de pesquisa organizacional. Em outras palavras, em cada capítulo, um ou mais campos organizacionais são apresentados. No primeiro capítulo, uma escola e seus documentos - físicos, impressos em papel, e disponíveis on line - são assumidos como o campo de pesquisa organizacional. É importante notar que esta escola, pública, se organiza em relação a outras organizações, como a secretaria de educação pública, as secretarias regionais de educação e o Projeto Tamar. Em vista disso, tais organizações, em consonância com a escola, se somam ao campo de pesquisa do primeiro capítulo. No segundo capítulo, o campo de pesquisa é a literatura sobre Narrativa de Ficção na Administração. No terceiro capítulo, o campo é um hospital público e seus respectivos contratos. Os contratos da administração pública constroem a entrada de fornecedores, prestadores de serviço, e funcionários terceirizados, que igualmente fazem parte do campo de pesquisa explorado neste capítulo da obra. No quarto e último capítulo, o campo de estudos são organizações não-governamentais com foco no meio ambiente, empresas doadoras e a prática de redigir pesquisas qualitativas.

O ESQUELETO DO LIVRO E DE SEUS CAPÍTULOS

De forma alternativa, são apresentados e ensinados emergentes Métodos de Pesquisa para projetos de pesquisa de Natureza Qualitativa, por meio de diferentes personagens, que são caracterizados como investigadores(as) fictícios(as).

Cada capítulo é estruturado em torno dos desafios que investigadores tendem a enfrentar no campo, ao desenvolver uma pesquisa qualitativa. Por um lado, são apresentados instrumentos práticos que podem ser utilizados, tais como: templates para as pesquisas qualitativas desenvolvidas pelos(as) leitores(as); Roteiro de observação; Ficha de Projeto de Pesquisa; e, Tabela de uso de dados primários e secundários. Todos os templates expostos estão destacados no Sumário de Imagens e Tabelas, em negrito e sublinhado. Para cada um dos 4 desafios/capítulos, foi inventado(a) um(a) investigador(a) fictício(a) que emprega diferentes Métodos de Pesquisa para superar os desafios encontrados no decorrer:

1. da construção do acesso no campo;
2. da revisão da literatura do projeto de pesquisa;
3. da coleta e análise dos dados da pesquisa qualitativa;
4. da redação final da pesquisa, contendo a discussão e os achados da investigação.

Os quatro capítulos representam e performam personagens que lidam com quatro fases que podem permear qualquer projeto de pesquisa de Natureza Qualitativa. No Capítulo 1, Bruno Américo, Stewart Clegg e César Tureta lançam mão de um(a) "pesquisador(a) em treinamento" que pretende entrar, ganhar e manter acesso no campo organizacional. Já no Capítulo 2, Bruno Américo e Stewart Clegg apresentam o(a) "estudante viajante", que acaba de conhecer a realidade/cultura acadêmica de outro país e vê-se obrigado a escrever uma revisão da literatura sobre um campo que desconhece. No Capítulo 3, Bruno Américo, César Tureta e Stewart Clegg utilizam a figura de um(a) pesquisador(a) "pragmático(a)" que ambiciona coletar e analisar dados relativos à realidade encontrada no campo. Por fim, no Capítulo 4, Bruno Américo e Adonai Lacruz enviam um(a) "pesquisador(a) quantitativo(a)" ao campo para escrever um projeto de pesquisa, de Natureza Qualitativa, que seja estético e rigoroso. Na Conclusão, Bruno Américo e Fagner Carniel enviam novos personagens fictícios ao campo para conciliar os quatro passos da pesquisa.

É importante notar que cada uma das **quatro fases**, inscritas nos **quatro capítulos**, se relacionam a **seis passos** específicos (ver Tabela 1) que pesquisadores podem percorrer durante a escrita de um projeto de pesquisa de Natureza Qualitativa. Conforme evidenciado na Tabela 1, é ensinado, capítulo a capítulo, um Método de Pesquisa fundamental para que os pesquisadores possam superar desafios que se apresentam ao longo do desenvolvimento de uma pesquisa qualitativa, a saber: (1) "inscrição organizacional", que auxilia a enfrentar o desafio de iniciar e consolidar o trabalho no campo; (2) "inscrição literária" (Derrida, 1974;

Latour e Wooglar, 1997), que apoia o exercício de organizar a literatura especializada em relação com a prática vivida no campo, visando à escrita da revisão da literatura; (3) "controvérsias em negociação" (Venturini, 2010b), que ajuda a operacionalizar a prática de coleta e análise de dados; (4) "escrita como Método de Pesquisa" (Richardson, 1994; Richardson e St. Pierre, 2018), que facilita a prática de redigir um projeto de pesquisa de Natureza Qualitativa.

MÉTODO DE PESQUISA QUALITATIVA

MÉTODOS	INSCRIÇÕES ORGANIZACIONAIS	INSCRIÇÃO LITERÁRIA	CONTROVÉRSIAS EM NEGOCIAÇÃO	ESCRITA QUALITATIVA
QUATRO FASES E SEIS PASSOS	Fase inicial: ganhar e manter acesso no campo para (1) entender o cotidiano da organização e (2) mapear questões (intrigantes, controversas) a ser analisadas.	Fase literária: (3) escrever a revisão da literatura em relação com a bibliografia especializada e as questões que foram identificadas durante a coleta e análise inicial dos dados.	Fase exploratória e analítica: (4) coletar e analisar dados com foco nas controvérsias em negociação para (5) descrever os achados e a contribuição da pesquisa.	Fase final: (6) redigir a versão final do projeto de pesquisa.
OBJETIVO	Observar o campo e pesquisar (on-line e *in situ*) documentos, portarias, e relatórios que fazem com que a organização tome uma ação: estes textos dão acesso à rotina e controvérsias organizacionais	Levantar o que a literatura diz sobre a prática organizacional observada, visando a escrita da revisão da literatura em relação com o trabalho no campo.	Coletar e analisar dados sobre as controvérsias observadas no campo, discutindo os achados da pesquisa em relação com a literatura especializada.	Redigir a pesquisa, detalhando sua contribuição em relação com a literatura especializada, com o objetivo de defender o trabalho de conclusão de curso.

MÉTODOS	INSCRIÇÕES ORGANIZACIONAIS	INSCRIÇÃO LITERÁRIA	CONTROVÉRSIAS EM NEGOCIAÇÃO	ESCRITA QUALITATIVA
OBJETO	Documentos, vídeos, planos, portarias, manuais, contratos, decretos e projetos, seja disposto on-line ou *in situ*.	Artigos científicos, vídeos, reportagens, livros, sites, e elementos audiovisuais.	Questões intrigantes e controversas que possam direcionar a coleta e análise de dados, bem como os achados e a contribuição da pesquisa.	A relação entre a prática observada no campo e o que a literatura fala sobre a prática observada no campo.
FENÔMENOS PESQUISADOS	Inscrições produzidas pela organização estudada (manuais, leis, decretos), on-line e *in situ*.	Pesquisas e publicações exemplares, incluindo os textos citados pelos exemplares e os usos feitos do exemplar.	Controvérsias em negociação que reordenam coletivos, produzindo novas realidades organizacionais.	A prática reflexiva de investigadores, investigados e leitores que constituem o evento (social, cultural, material) investigado.
USO E UTILIDADE	Permite iniciar a pesquisa enquanto ganha acesso no campo sem utilizar teorias para guiar a coleta e análise de dados.	Escrever a revisão da literatura em relação com os termos e conceitos observados no campo.	Controvérsias (e não teorias) são eventos múltiplos e complexos, que oferecem fontes heterogêneas para a coleta e análise de dados.	Apresentar, interpretar e discutir os achados teóricos, empíricos e/ou metodológicos da pesquisa.

MÉTODOS	INSCRIÇÕES ORGANIZACIONAIS	INSCRIÇÃO LITERÁRIA	CONTROVÉRSIAS EM NEGOCIAÇÃO	ESCRITA QUALITATIVA
RISCO	Oferece uma visão parcial e conectada sobre a prática reflexiva de iniciar o trabalho no campo.	Pesquisas e publicações exemplares ofertam um meio parcial e conectado para pensar a escrita da revisão da literatura.	Há diretrizes sobre como escolher quais controvérsias podem ser relevantes para a organização estudada, mas essa tarefa depende da habilidade de cada pesquisador(a).	Inquere sobre a construção de fatos, descrevendo repetições e diferenças, por meio de uma pesquisa qualitativa que pode ser, ao mesmo tempo, rigorosa e estética.
CREDIBILIDADE	Inscrições guiam organizações e trabalhadores, ou seja, se relacionam com a ação organizacional.	Pesquisas e publicações exemplares são 'respaldadas' por outras investigações e 'citadas' por inúmeros outros estudos.	Controvérsias em negociação podem apontar para dados heterogêneos, passíveis de serem coletados e analisados.	Integra diferentes métodos de pesquisa para descrever e interpretar a construção de fatos, práticas, rotinas, e mudanças organizacionais.

Tabela 1: Métodos de Pesquisa emergentes e suas características metodológicas.
Fonte: Elaborada pelo organizador do livro.

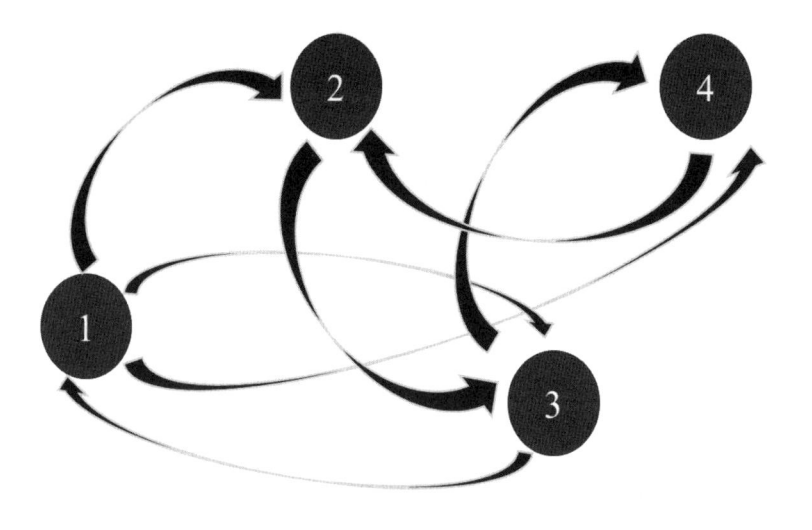

Figura 4: As quatro fases não lineares propostas pelo livro.
Fonte: Elaborada pelo organizador.

ÉTICA NA PESQUISA QUALITATIVA

Capítulo a capítulo, diferentes aspectos éticos da pesquisa qualitativa são tratados de forma predominantemente descritiva. Ao apresentar e problematizar as diferentes fases e passos da pesquisa qualitativa explorados pelo livro, discorre-se também sobre as práticas éticas adotadas.

Em especial, teórica e empiricamente, os capítulos versam sobre a necessidade de haver consentimento informado, de conseguir uma carta formal autorizando o início da pesquisa, e de buscar, individualmente, junto aos interlocutores da pesquisa, a assinatura de um documento autorizando o uso de falas e imagens. Evidencia-se que, do começo ao fim, é imprescindível manter a confidencialidade da pesquisa e atentar aos códigos de ética da organização estudada.

→ **OBJETIVO:** A literatura sobre ganhar e manter acesso no campo é vasta, mas poucos estudos oferecem Métodos de Pesquisa para contribuir com o início da investigação. Por isso, o objetivo deste capítulo é apresentar um método de pesquisa que permita dar início ao trabalho no campo em uma administração/organização que utiliza a burocracia para organizar e inscrever suas ações.

→ **CAMINHO METODOLÓGICO:** Para descrever o método, um caso "real" é apresentado por meio de um(a) personagem "fictício(a)", que observa, on-line e presencialmente, a busca de objetivos pelas organizações, por meio do trabalho burocrático e dos rituais organizacionais, os quais utilizam e dependem da linguagem formal, isto é, de inscrições organizacionais. A partir do Método de Pesquisa inscrições organizacionais, o(a) personagem iniciou sua investigação enquanto lidava com a desconfiança de trabalhadores em uma época de vigilância digital.

→ **CAMPO:** A organização escolar pública e seus textos burocráticos, físicos e on-line, que são utilizados para organizar a ação da administração estudada.

→ **ACHADOS:** Argumenta-se que a teoria não deve informar o início da pesquisa ou os instrumentos de coleta e análise de dados. As teorias não são neutras ou invariáveis, já que constituem a identidade da pesquisa e determinam o que deve ou não deve ser analisado. É preciso, primeiramente, viver o campo para só então entender o que é relevante, conflitante, inovador, e intrigante para a administração/organização estudada. Portanto, o trabalho no campo deve informar a fundamentação da pesquisa, e não o contrário.

→ **ORIGINALIDADE:** O método oferece um meio para contornar positivamente a impossibilidade de conduzir entrevistas no começo do trabalho no campo organizacional.

→ **PALAVRAS-CHAVE:** Administração; Estudos Organizacionais; Etnografia; Ganhar e Manter Acesso; Inscrições Organizacionais; Campo Organizacional.

1

Iniciando Pesquisas Qualitativas

*Escrito por Bruno Luiz Américo,
Stewart Clegg e César Tureta*

APRENDIZAGEM ESPERADA

Com a leitura deste capítulo, o(a) leitor(a) poderá:

- Conhecer — por meio de um caso "real" narrado por um personagem "fictício" — como o Método de Pesquisa inscrições organizacionais pode ser utilizado para começar o trabalho no campo e apreender desafios práticos de iniciar uma pesquisa.

- Entender que o método inscrições organizacionais e o trabalho no campo apontam para: (1) outros dados (materiais, textuais, relacionais) que devem ser coletados e analisados; e, a literatura com a qual a pesquisa precisa dialogar para discutir seus achados.

- Perceber, no início da pesquisa, a necessidade de: (1) portar um caderno de campo para inscrever observações, anotações, layouts, infográficos; (2) agir de forma recíproca com os interlocutores da pesquisa, criando e mantendo o acesso no campo; (3) se atentar para a ética, conhecendo os códigos de conduta da universidade e da organização estudada, que devem fornecer cartas autorizando o início formal da pesquisa.

- Identificar que o uso do método inscrições organizacionais é limitado, devendo ser utilizado em conjunto com outros Métodos de Pesquisa.

INTRODUÇÃO

Este capítulo ajuda a responder duas questões práticas que pesquisadores deveriam considerar antes de iniciar o trabalho no campo:

- Como começar uma pesquisa enquanto se ganha e se mantém o acesso ao campo?
- O início do trabalho no campo deve ser guiado por uma teoria ou paradigma, que igualmente precisa guiar a elaboração de entrevistas e roteiros de observação?

O capítulo lida com questões elementares e pragmáticas como essas, mas que muitas vezes permanecem sem uma resposta clara. Conforme demonstrado na Introdução, se pesquisadores deixarem que teorias pautem o que deve e o que não deve ser observado em campo, talvez questões relevantes para as organizações e para os interlocutores estudados permaneçam silenciadas. Assim, corre-se o risco de perder a oportunidade de ser surpreendido pelo campo de pesquisa por não dar atenção a determinados eventos e situações, uma vez que eles não estavam previstos no planejamento da pesquisa.

O trabalho no campo deve definir os termos extraordinários, controversos, e polêmicos nos quais as organizações e trabalhadores pesquisados estão envolvidos. Com base em categorias, termos, temas, metáforas de análise fundadas no campo, pesquisadores podem trabalhar, em um segundo momento, na revisão da literatura para mapear trabalhos relevantes que possam servir como exemplares para suas pesquisas (ver Capítulo 2). Seguindo esta lógica, um Método de Pesquisa que permite o início do trabalho no campo é apresentado, a despeito de teorias e paradigmas das áreas da Administração.

Agora, quer saber qual é o caso e o personagem que este capítulo utiliza para oferecer um caminho para investigadores iniciarem o trabalho no campo?

Boa leitura!

COMEÇANDO A PESQUISA

Embora a investigação sobre ganhar e manter acesso no campo (Wagner, 2016) de pesquisa nas áreas da Administração não seja uma novidade, o Método de Pesquisa apresentado neste capítulo é emergente, já que permite que investigadores conheçam e vivam as organizações de uma maneira alternativa. Nas áreas da Administração, pesquisas sobre acesso crescem entre os(as) pesquisadores(as) — mais de dois terços do total da produção acadêmica foi publicada nos últimos cinco anos — segundo o Google Acadêmico, que aponta a existência de cerca de 100 estudos sobre o tema, dos quais a maioria foi publicada entre 2015 e 2019[1].

Desse modo, a pesquisa nas áreas da Administração começou a desnaturalizar — a assumir com certa desconfiança e a analisar criticamente — as diretrizes para a construção dos significados de um acesso bem-sucedido (Alcadipani e Hodgson, 2009) por meio de estudos qualitativos que narram múltiplas e complexas trajetórias (Bruni, 2006). Todavia, há poucos relatos qualitativos que propõem um caminho metodológico para iniciar pesquisas enquanto o(a) investigador(a) está preocupado(a) em ganhar e manter acesso a determinados espaços, interlocutores, memórias, histórias (veja exceções, Land e Taylor, 2018; Peticca-Harris, deGama e Elias, 2016).

Visando apresentar um Método de Pesquisa para iniciar investigações no campo, este capítulo utiliza os dados de um estudo desenvolvido em uma organização escolar estadual. O estudo real é apresentado por meio da figura de um(a) personagem fictício(a) que acaba de partir para o campo organizacional: um(a) "estudante de Administração" que começa a conhecer a pesquisa qualitativa. A ficção é utilizada nas áreas da Administração para, por exemplo, apresentar dados coletados e analisados (Jermier, 1985; Phillips, 1995), permitindo contar uma história e não uma verdade sobre como uma pesquisa pode ser iniciada no campo, com uma abordagem reflexiva (Chia, 1996).

Este capítulo se concentra na Escola Estadual de Ensino Médio e

---

1 https://scholar.google.com.br/scholar?q=%22Access+in+Fieldwork%22+%22organizat ion+studies%22&hl=pt-BR&as_sdt=1%2C5&as_vis=1&as_ylo=2015&as_yhi=2019 e https://scholar.google.com.br/scholar?q=%22field+access%22+%22organization+studie s%22&hl=pt-BR&as_sdt=1%2C5&as_vis=1&as_ylo=2015&as_yhi=2019 – acessado em 10 de abril de 2019, às 13h39min.

Fundamental Vila Praiana (EEEFM VP), que é gerida pela Secretaria de Estado da Educação (SEDU), administrada também pelo Ministério da Educação (MEC) e pelo Governo do Estado do Espírito Santo. A SEDU regula a EEEFM VP por meio dos seus Departamentos Regionais de Educação (SRE). Uma organização isolada é mais simples de ser analisada. No entanto, a EEEFM VP está dentro do domínio de um sistema aberto, sendo assim, uma das 497 escolas da rede estadual de ensino do Espírito Santo.

Realidade e ficção são entrelaçadas para cumprir com o seguinte objetivo geral: apresentar um Método de Pesquisa que apoie seus investigadores a iniciar um estudo em uma administração/organização que utiliza a burocracia para organizar e inscrever suas ações, enquanto ganham e mantém acesso. Assim, apresenta-se um Método de Pesquisa que serve de guia para investigações nas quais os pesquisadores possuem dificuldade de negociar e manter o acesso no campo organizacional.

O próximo tópico descreve os primeiros dias do(a) estudante de Administração no campo, que foram marcados pela observação não participante como instrumento inicial de coleta de dados, já que os funcionários da escola desconfiavam da pesquisa. Todos os participantes e a organização estudada consentiram formalmente com a pesquisa. Antes de dar início à pesquisa, o(a) estudante de Administração conseguiu com a sua universidade uma carta formal autorizando o início da pesquisa, que foi posteriormente assinada pela diretora da EEEFM VP. Para preservar o anonimato da organização e dos interlocutores envolvidos na pesquisa, os nomes das pessoas e da escola também são fictícios.

OS PRIMEIROS DIAS DA VIDA NA ESCOLA

O(a) estudante de Administração obteve da diretora da EEEFM VP, no final do ano de 2015, a carta formal (assinada e carimbada) que tornou possível o início da pesquisa. Ao começar a pesquisa no ano escolar de 2016, com seu novo caderno de campo em mãos, o(a) estudante percebeu uma desconfiança inicial por parte dos funcionários com relação à sua presença na escola.

No início, realizar entrevistas, participar de reuniões e assistir às aulas para coletar dados se mostrou impossível. Por causa da desconfiança inicial, as pessoas não se mostraram muito receptivas e dispostas a colaborar com a pesquisa, seja concedendo entrevistas, conversando informalmente ou permitindo que fossem observadas em determinados espaços de trabalho. Nos corredores, em busca de conversas, o(a) estudante de Administração ouvia dos(as) professores(as): "um(a) pesquisador(a) observando e julgando minhas aulas por qual motivo?"; "pesquisadores vêm e vão e não deixam nada!". É por estes motivos, pensou o(a) estudante de Administração, que a literatura sugere a reciprocidade como uma boa e moral prática de pesquisa (Brown, Monthoux e McCullough, 1976; Bryman, 1988; Silverman, 2013; Bell e Bryman, 2006), ou seja, a pesquisa é um trabalho de mão dupla na qual pesquisador(a) e pesquisado(a) colaboram um com o outro.

Mas como poderia o(a) estudante de Administração colaborar com a escola se os(as) funcionários(as) não queriam ou não aceitavam? Além da desconfiança natural que pesquisados(as) podem sentir ao ser foco de um estudo, o Brasil vivia um momento de turbulência política, tendo a educação pública nacional como um dos centros de várias controvérsias. Isso também acabou criando um clima mais tenso no ambiente escolar, dificultando ainda mais a situação do(a) estudante. Ele(a) já começava a perceber, então, que a escola não é uma organização fechada com fronteiras claramente definidas (Weick, 1976). Existe uma porosidade que permeia esses limites e faz da escola uma organização pertencente à uma rede de outras organizações e instituições. A despeito da questão política brasileira, o(a) estudante de Administração, no primeiro trimestre de 2016, apenas conseguiu coletar dados por meio da observação não participante.

A ansiedade de não conseguir agendar entrevistas nos primeiros meses de trabalho no campo foi resolvida positivamente pelo reconhecimento de que não era possível recontar o que os interlocutores disseram para explicar o que faziam (Latour e Woolgar, 1997). No primeiro trimestre, após muita dificuldade e com uma série de restrições, o(a) estudante de Administração conseguiu iniciar as observações em alguns ambientes: sala dos professores, secretaria, cantina, quintal, pátio coberto e corredor da escola.

Nos corredores e na secretaria, haviam inúmeras folhas e cartazes colados, indicando avisos, portarias, notícias, prêmios, realizações, campanhas para os(as) estudantes, funcionários(as) e a comunidade. Por meio desta observação, o(a) estudante conseguiu apreender que a SEDU demanda inúmeras atividades de suas escolas sem estar, necessariamente, presente nas unidades escolares. Alguns desígnios são meramente "administrativos", que envolvem o envio de formulários consolidados com faltas e notas; e, outros "performativos", que exigem ações, como executar uma Feira de Ciências ou aplicar recursos advindos de boas práticas educacionais que foram premiadas. Como é demonstrado no tópico a seguir, a partir destas observações, o(a) estudante de Administração traçou três regras metodológicas e estabeleceu um Método de Pesquisa, os quais foram estabelecidos sem utilizar teorias, paradigmas ou o discurso pedagógico dos(as) funcionários(as) da escola.

DA OBSERVAÇÃO PARA O MÉTODO DE PESQUISA

Conforme descrito no tópico anterior, o(a) estudante de Administração observou um fato organizacional central em um sistema da burocracia estatal: o número de textos — impressos, digitais na forma de um e-mail ou retirados de um sistema da informação e comunicação — que qualquer organização deve administrar para gerir suas ações. As organizações, a exemplo das escolas, estão sujeitas a sistemas rígidos de controle das atividades e aos comportamentos dos(as) profissionais (Taylor, 2012), por meio de análises estatísticas de dados (Gandy, 2012).

PRIMEIRA REGRA METODOLÓGICA

Desde que o(a) estudante de Administração observou que a EEEFM VP utiliza práticas burocráticas para agir e se relacionar com a SEDU, que regula suas ações e atos, traçou uma **primeira regra metodológica**: enquanto o acesso é construído, observa o trabalho burocrático e os rituais organizacionais, bem como as realidades produzidas por meio destas práticas. Qualquer organização é permeada por trabalhos e rituais burocráticos; selos, símbolos, formas, decretos, textos, sanções, obediência (Herzfeld, 1993). Logo, esta regra metodológica deixa tirar proveito do fato de que as burocracias são sistemas administrativos que se utilizam da escrita para conectar e administrar organizações e instituições, como lojas, hospitais, escolas, indústrias, comunidades, clubes de troca, cooperativas, associações, redes de cooperação ou empresas autogestionárias.

Por trabalho burocrático, entende-se o trabalho de organizar e produzir orçamentos, formulários, relatórios, cartas, e-mails, visando a gestão (racional, hierárquica, especializada, regrada, impessoal) de organizações. Já por rituais organizacionais, compreende-se a vivência de determinada organização, a exemplo da EEEFM VP, frente ao trabalho burocrático. Assim, os textos, formulários, portarias e concentrados, que são o objeto do trabalho e ritual burocrático de diversas organizações, como exemplo ainda da EEEFM VP, podem ser entendidos como elementos materiais e formais que "transcendem" as características e o contexto destas organizações.

Pelo menos foi assim que o(a) estudante de Administração definiu o que ele(a) entende por trabalho burocrático e rituais organizacionais, descrevendo em que medida essas ideias ajudavam a coletar dados sobre a ação administrativa e organizacional. O(a) estudante de Administração apresentou, a partir da primeira regra metodológica, a ideia de inscrições organizacionais (IOs) para se referir aos decretos, textos, formulários, relatórios, sanções, ofícios e agendas que são objeto do trabalho burocrático e dos rituais organizacionais. Tal ideia tornou possível o estabelecimento do Método de Pesquisa IOs, um caminho metodológico que aponta para textos materiais, simbólicos, carimbados, cujos significados dificilmente são invalidados (Herzfeld, 1993). As IOs pesquisadas referem-se a todos os eventos, situações e ações que se materializam em algo compreensível, como um documento, um arquivo ou um pedaço de papel carimbado. Uma das vantagens das IOs é que elas podem transitar e ser transportadas facilmente de um lugar para outro (Latour, 1999). Desse modo, o(a) estudante de Administração pôde observar na EEEFM VP o trabalho burocrático e ritualístico de administrar IOs. Esse caminho oferece aos pesquisadores um Método de Pesquisa útil para iniciar a investigação e contornar a falta de acesso inicial ao campo de pesquisa. A coleta de IOs na forma de "documentos" e elementos "audiovisuais" ocorreu paralelamente à observação.

Ao afirmar que a EEEFM VP "administra" IOs produzidas pela SEDU, o(a) estudante de Administração se refere ao ato de gerir/dirigir demandas da rede estadual de ensino. Atualmente, por falta de recursos, a SEDU somente se faz presente nas suas 497 escolas de forma digital. Como o(a) estudante de Administração observou, a administração das IOs produzidas pela SEDU ocorre na secretaria da EEEFM VP. A secretária Rocio recebe as cartas, ofícios, e-mails com atividades/ações que a escola deve realizar, designando os(as) responsáveis e distribuindo tarefas. Em geral, as IOs produzidas pela SEDU chegavam à escola por e-mail. A secretária, que é responsável pela distribuição destas IOs, mantém cópias impressas e assinadas (pelos responsáveis) de todas as IOs (inclusive versões impressas de e-mails).

💡 SEGUNDA REGRA METODOLÓGICA

Há similaridades e diferenças entre a gestão educacional do Estado do Espírito Santo e a gestão escolar das escolas estaduais. Ao viver a escola, o(a) estudante de Administração observou que essa organização não apenas administra as IOs da SEDU, mas também as produz. Para que a SEDU possa saber que a atividade demandada foi cumprida, os(as) responsáveis pela ação na EEEFM VP precisam produzir novas IOs a partir das atividades construídas na escola, como projetos educacionais, relatórios sobre a performance dos estudantes e atas sobre reuniões pedagógicas. De tal modo, as IOs produzidas pela EEEFM VP devem incluir as IOs produzidas pela SEDU. Por isso, o(a) estudante de Administração pode estabelecer uma **segunda regra metodológica**: para entender melhor o trabalho e ritual burocrático, é relevante realizar buscas presenciais na organização e on-line por IOs "administradas", "produzidas" e "incluídas" pela administração estudada, compreendendo o fluxo da papelada entre esta organização e seus departamentos e unidades.

A prática da EEEFM VP de administrar, produzir e incluir IOs contribui com a melhoria da gestão educacional no Espírito Santo, já que a SEDU igualmente inclui o conhecimento acumulado sobre as escolas de sua rede estadual de ensino. Dessa forma, a SEDU consegue produzir novas IOs demandando ações inovadoras das 497 escolas da rede estadual capixaba.

💡 TERCEIRA REGRA METODOLÓGICA

Muitas vezes, os objetivos da SEDU podem confrontar as metas locais das unidades escolares. A inclusão recíproca entre a SEDU e suas escolas, a exemplo da EEEFM VP, pode levar a fricção e interferência entre a gestão escolar (local) e a gestão educacional (estadual, federal). Para não ofuscar, mas promover as controvérsias, evidenciando em que medida é marcado pela diferença coexistente (Mol, 2002, p. 413), o(a) estudante de Administração desenhou em seu caderno de campo um infográfico para fazer sentido e descrever o trabalho burocrático e os rituais organizacionais observados na EEEFM VP, que incluem (e são incluídos pelas) práticas da SEDU por meio da "administração", "inclusão" e "produção" de IOs.

Durante o trabalho no campo é sempre útil fazer esboços, desenhos e diagramas que possam demostrar visualmente a dinâmica das relações entre os atores organizacionais. O desenvolvimento de imagens, o desenho de gráficos e o mapeamento visual facilitam o entendimento do(a) pesquisador(a) sobre o fenômeno que ele(a) está investigando, permitindo analisar dados processuais (Langley, 1999). Ademais, muitas vezes uma figura pode mostrar como uma pesquisa foi dos dados brutos colhidos por observações e entrevistas para os construtos e conceitos utilizados para representar e permear os dados (Pratt, 2009, p. 860).

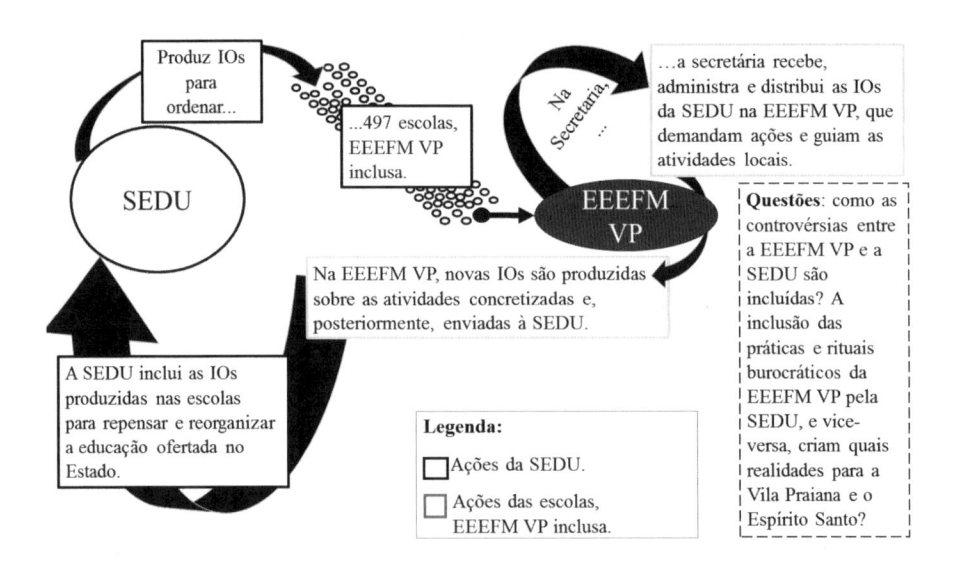

Figura 5: Trabalho burocrático, rituais organizacionais e novas questões.
Fonte: Elaborado pelos autores.

Apesar das diferenças existentes entre a EEEFM VP e SEDU, as duas organizações precisam "incluir" uma à outra para oferecer a educação no

Estado do Espírito Santo. A EEEFM VP precisa da verba, da formação, do material e das diretrizes da SEDU. Por outro lado, a SEDU não existe sem suas escolas.

Para responder aos inquéritos surgidos com a construção do infográfico, o(a) estudante de Administração enunciou uma **terceira regra metodológica**: descrever como e com qual objetivo organizações e práticas produtivas dissemelhantes incluem umas às outras. Nesse ponto, o pesquisador deve retomar o diagrama desenvolvido anteriormente e usá-lo como base para organizar as ideias que serão descritas. Ele também serve como uma orientação para que o pesquisador não perca de vista os elementos centrais que envolvem o processo de gestão e organização.

Como foi possível entender, até então, qualquer organização que depende da burocracia para ordenar suas ações precisa "administrar", "produzir" e "incluir" IOs de diferentes organizações. À continuação, é demonstrado em que medida as regras metodológicas e o Método de Pesquisa IOs permitiram que o(a) estudante de Administração iniciasse a pesquisa.

ENTENDENDO A VIDA DE ADMINISTRAÇÃO ATRAVÉS DE IOS

Com base nas três regras metodológicas e no Método de Pesquisa, o estudante de Administração entendeu que para observar o trabalho burocrático e os rituais organizacionais precisaria buscar e observar na organização e também on-line por IOs "administradas", "incluídas" e "produzidas" pela administração estudada.

Primeiro, procurou na escola por IOs, tendo encontrados versões impressas de projetos educacionais desenvolvidos na escola, alguns inscritos em premiações organizadas pela SEDU. Havia uma versão impressa do projeto que ganhou o prêmio de 25.000,00 reais da SEDU em 2015, *A Gota D'Água*, cujo cheque está exposto com orgulho no pátio coberto da escola entre bandeiras. Existia também outro projeto, vencedor do prêmio de boas práticas em educação da SEDU de 2012, *O Rio Preto Convida*, que aborda os desafios que a escola assumiu para colaborar com a recuperação do Rio Preto.

O(a) estudante de Administração também encontrou outros projetos educacionais desenvolvidos na escola, mas que não foram premiados pela SEDU.

Ao manusear e ler estas IOs, compreendeu a ligação da EEEFM VP com o meio ambiente, com os rios, com as lendas, com as tradições locais, com as associações comunitárias e com o Projeto Tamar, que é uma iniciativa conservacionista brasileira que luta, em especial, pela preservação das tartarugas marinhas. Logo, o Tamar atua na Foz do Rio Doce, localizado na Vila Praiana, monitorando a desova da tartaruga gigante, espécie ameaçada de extinção. Esses projetos educacionais impressos na secretaria levavam a outros documentos, projetos e arquivos. Por meio dessas IOs coletadas, uma prática escolar se tornou evidente: a busca da interdisciplinaridade para promover projetos educacionais que visam investigar e contribuir com questões locais.

Por outro lado, ao realizar buscas on-line, soube que no ano letivo de 2016 haveria, de forma inédita, um calendário escolar estadual unificado e comum para as 497 escolas da rede estadual de ensino do Espírito Santo, que foi projetado para padronizar atividades e ações educacionais. O calendário escolar é, portanto, um elemento material enquadrado pela SEDU como uma nova prática de trabalho que organiza a educação no Espírito Santo, incluindo a EEEFM VP. Conforme previsto, as aulas tiveram início no dia 15 de fevereiro de 2016.

No calendário escolar assinado pelos profissionais da EEEFM VP e SRE — com horários, legendas, delimitações — está enraizada a ação coletiva da escola, como é o caso das outras 496 escolas da SEDU. Ademais, ele também indica as atividades escolares por dia, tais como provas, exames de recuperação, conselhos de classe, feira de ciências, com a delimitação até mesmo de prazo para as escolas enviarem o desempenho (notas e presença) dos(as) alunos(as). Além disso, implica a noção de movimento e intervenção constante dos profissionais do magistério da população estudantil da EEEFM VP.

Ler o calendário escolar e os projetos educacionais estavam entre as poucas coisas que o(a) estudante de Administração fazia na escola durante os primeiros dias da pesquisa. A partir de uma pequena mesa no meio da secretaria, passou a reler esses documentos, observando a associação desses com as atividades e práticas em jogo na escola e entendendo que as inscrições descreviam e prescreviam a ação da organização e, consequentemente, o comportamento de colaboradores (Callon, 2002). Uma inscrição organizacional é poderosa ferramenta para orientar o que as pessoas fazem, pois nela já está incorporado aquilo que se espera dos atores organizacionais. Como exemplo, o calendário escolar define explicitamente um conjunto de atividades que devem ser realizadas ao longo do semestre: início e término das aulas, reuniões, feiras, planejamento pedagógico, etc. Por isso, quando pesquisadores ainda não têm o acesso consolidado no campo, as inscrições podem oferecer um ponto de partida interessante para uma entrada nele.

Quando o calendário escolar autorizou as aulas a começarem, ficou evidente que a vida escolar é marcada por uma produção intensiva de IOs, que ocorre em vários locais: salas de aula, laboratórios, bibliotecas. Era fácil para o(a) estudante de Administração diferenciar professores de estudantes, além de também localizar a secretaria, a sala dos professores e a cantina, bem como desenhar o layout no caderno de campo (ver Figura abaixo). Apesar desse layout da EEEFM VP, há uma divisão entre estudantes (avaliados e educados) e outros(as) profissionais da escola (avaliadores e educadores).

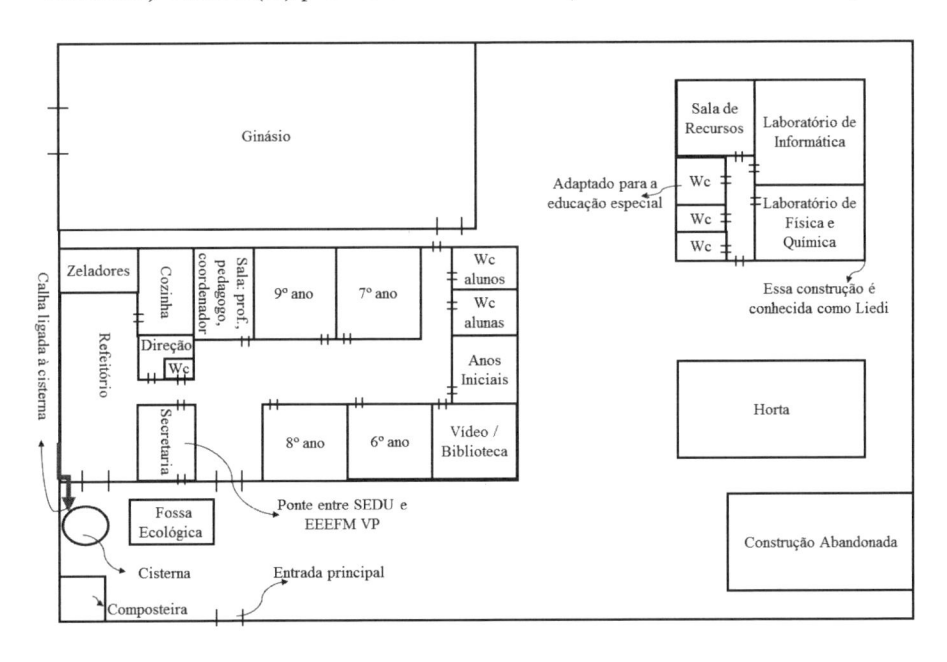

Figura 6: Layout da escola.
Fonte: Elaborado pelo primeiro autor.

Já que o calendário, uma inscrição organizacional produzida pela SEDU e incluída pela EEEFM VP, apontava o que deveria acontecer na escola, em alguns dias específicos o(a) estudante de Administração se programava para estar presente na escola desde a abertura até fechamento dos portões. Na metade do primeiro trimestre, a SEDU demandou, por meio do calendário, que as escolas estaduais de sua rede entregassem parciais do desempenho dos(as) estudantes. Sentado(a) na mesa localizada no centro da secretaria, o(a) estudante de Administração observou que a secretária Rocio passou o dia recebendo dos(as) professores(as) uma única folha, na qual havia um texto e uma tabela. Mais tarde, analisando tais IOs produzidas pelos(as) professores(as) da EEEFM VP, entendeu que se tratavam das notas e faltas dos estudantes do ensino fundamental, por disciplina. Dessa forma, as notas e faltas são sintetizadas e inscritas em sistemas estaduais de ensino pela Rocio, representando o desempenho (qualitativo) e a frequência (quantitativa) padronizada da escola, com a possibilidade de comparações entre locais, estados e nações. Com isso, a SEDU e o MEC conseguem incluir o desempenho de estudantes individuais para avaliar se as políticas públicas e a gestão educacional desenvolvidas estão gerando resultados positivos para a população estudantil, como permanência dos estudantes na rede estadual de ensino e bom desempenho desses nas avaliações aplicadas. Analogamente a um tratamento médico, ele só "pode se estabelecer como bom se demonstrar mudança mensurável em um número de pessoas grande o suficiente em sua população-alvo" (Mol, 2002, p. 150, tradução nossa).

A coleta e o processamento de informações sobre organizações públicas ocorrem visando "tornar os serviços públicos tão eficazes e eficientes quanto possível" (Webster, 2012, p. 313, tradução nossa). Em todo o mundo, boletins são produzidos sobre o desempenho escolar dos(as) aluno(as). Os boletins são agrupados em relatórios, por turma, concentrando os desempenhos dos estudantes e permitindo a coleta e o processamento de informações padronizadas de escolas públicas e privadas. Na EEEFM VP, existem três níveis educacionais: educação de jovens e adultos, anos iniciais e finais do ensino fundamental. Este capítulo enfoca nos anos finais do Ensino Fundamental, que produz quatro relatórios que concentram os desempenhos de estudantes, inscritos em boletins, ao final de cada ano letivo, do 6º ao 9º ano. Nestes relatórios estão inscritos os Resultados Finais dos(as) alunos(as) distribuídos em quatro categorias: aprovado(a); reprovado(a); transferido(a) e abandonou a escola. No caso da rede estadual capixaba, uma escola que apresente mais de 10% de insucesso escolar pode sofrer intervenção da SEDU.

Considerando que "os serviços públicos sempre se preocuparam com a informação" (Webster, 2012, p. 315, tradução nossa), bem como com o monitoramento do trabalho burocrático e dos rituais organizacionais, o(a) estudante de Administração entendeu que as IOs administradas, incluídas e produzidas pela EEEFM VP, informavam à SEDU sobre o desempenho de seus estudantes e da escola. As informações solicitadas da escola são transportadas para a rede estadual de ensino por meio de sistemas educacionais estaduais e federais. O compartilhamento de informações das escolas com a SEDU permite o desenvolvimento de ações sob medida para a população capixaba. Ademais, a "administração", "inclusão" e "produção" de IOs também levou a EEEFM VP a construir um projeto de pesquisa que angariou R$ 25.000,00 para a escola.

A observação de IOs impressas e on-line demonstrou que a inclusão do modo de gerir a educação da SEDU pela EEEFM VP, e vice-versa, gera práticas que performam duas produções relacionadas: (1) "boletins"; e, (2) "projetos educacionais".

O MODO DE GESTÃO ESCOLAR/EDUCACIONAL POR MEIO DA PRODUÇÃO DE "BOLETINS" E "PROJETOS".

Um ponto comum de comparação para quase todas as escolas diz respeito à produção de relatórios escolares concentrando o desempenho de estudantes por turma. Dessa forma, os boletins individuais, que inscrevem o desempenho dos estudantes, produzem diferentes significados para estudantes e para a gestão educacional brasileira. Sendo assim, a SEDU sugere que menos de 10% dos(as) alunos(as) devem ser reprovados a cada ano letivo.

Investigando tal questão mais a fundo, o(a) estudante de Administração descobriu que o Brasil e inúmeras outras nações estabeleceram metas com relação às notas de escolas públicas e privadas que são medidas em avaliações educacionais padronizadas e aplicadas em larga escala, como o exemplo do Programa Internacional de Avaliação de Estudantes (PISA). Com seu próprio Índice de Desenvolvimento do Ensino Fundamental (IDEB), calibrado em uma escala de 0 a 10, o Brasil sintetiza índices de (1) aprovação escolar e do (2) aprendizado em português e matemática em exames como a Prova Brasil. O Espírito Santo, como qualquer outro estado brasileiro, quer evitar que mais de 10% dos estudantes sejam retidos para atender à meta de aprovação escolar estabelecida pelo MEC com relação ao IDEB. Assim, a EEEFM VP — como é o caso de qualquer uma das outras 145.646 escolas públicas brasileiras no ano letivo de 2016 — precisa se adaptar às duas metas de aprovação escolar massiva e de desempenho escolar positivo em testes de larga escala.

Qualquer escola com mais de 10% de estudantes reprovados pode sofrer intervenção da SEDU. Para EEEFM VP, uma interferência colocaria em risco sua oferta singular de educação por meio de projetos. Assim, o(a) estudante de Administração notou que a escola ensinou o conteúdo curricular necessário e testou-o por meio de exames e simulados, todavia, inovadores. Mais do que intensivamente, seguindo apenas o currículo controlado centralmente, a EEEFM VP tinha uma história de projetos educacionais projetados em relação a problemas locais/ambientais, motivo pelo qual a escola havia sido premiada.

Em especial, no ano de 2016, esses projetos foram em grande parte uma resposta a um dos maiores desastres ambientais envolvendo atividades de mineração no Brasil, que teve um grande impacto na região do Rio Doce e acentuou a oferta de educação da EEEFM VP por meio de projetos. Como resultado nesse mesmo ano, na EEEFM VP, um número recorde de projetos educacionais foi submetido a prêmios educacionais, o tema da Feira de Ciências foi a Água e o Dia da Árvore foi enfaticamente celebrado.

Se a escola quiser continuar ensinando por meio de projetos sem qualquer interferência, ela precisará administrar e incluir as diretrizes e padrões da SEDU para produzir boletins que, concentrados em relatórios, reprovem menos do que 10% de estudantes — pensou o(a) estudante de Administração.

A seguir, é demonstrado que inúmeros conflitos surgem da inclusão recíproca entre as práticas da EEEFM VP e da SEDU, uma vez que são organizações diferentes que visam a construção de realidades particulares por meio de práticas divergentes.

ENTENDENDO A "INCLUSÃO" DE PRÁTICAS "CONFLITANTES"

No Brasil e no mundo, a educação fundamental é organizada e oferecida por meio de práticas comuns, como a presença de um currículo elementar que permite a avaliação em larga escala (Kamens, Meyer e Benavot 1996;

Ramirez e Ventresca, 1992); a matrícula obrigatória (Ramirez e Ventresca, 1992); a existência de um ministério de educação e a separação de estudantes em sala de aula por série/idade e não por cor/sexo (Anderson-Levitt, 2003). Ao mesmo tempo, tais práticas variam de acordo com características nacionais (Meyer e Ramirez, 2000).

No que diz respeito ao caso em questão, a organização da EEEFM VP lembra o modelo global de educação: as salas de aula dividem estudantes por séries; a escola faz parte de uma rede estadual de educação centralizada pela SEDU; há um currículo comum e avaliações constantes sendo, por fim, a matrícula obrigatória. A SEDU gerencia o EEEFM VP por meio de objetivos (realização da feira de ciências, aplicação de provas, trabalho interdisciplinar) e resultados (reprovação de menos que 10% dos estudantes) (Hood 1991; Spekle e Verbeeten, 2014; Ezzamel et al., 2007). A SEDU precisa administrar e incluir o estilo de oferecer a educação nas 497 escolas da sua rede para produzir novos meios de melhorar a gestão educacional. Do mesmo modo, observou o(a) estudante de Administração, a oferta da educação é desenvolvida em relação às questões locais. A EEEFM VP administra e inclui o modo de organizar a educação da SEDU para produzir novos fatos educacionais locais capazes de questionar problemas locais.

Não há coerência absoluta, entretanto, entre os objetos e práticas utilizadas por diferentes organizações (Mol, 2002), mas há diferentes formas de administrar e produzir a educação na EEEFM VP e SEDU, a despeito do fato de que há uma inclusão recíproca entre essas organizações. Assim, as práticas utilizadas pela SEDU e EEEFM VP para ofertar a educação dependem uma da outra e, ao mesmo tempo, interferem uma na outra, já que cada uma dessas organizações constrói normas e padrões diferentes para lidar com entraves e problemas próprios relacionados à prática de ofertar a educação (Mol, 2002). A SEDU inclui a EEEFM VP para melhorar a educação da população capixaba que, por sua vez, inclui a SEDU para não mudar sua prática singular de oferecer a educação na Vila Praiana. Com isso, a lição aprendida pelo(a) estudante de Administração, no início da pesquisa, foi que as organizações não possuem fronteiras fechadas, mas compõem uma rede de outras organizações, ajudando-o a entender essa inter-relação entre a EEEFM VP e a SEDU.

A educação ofertada pela SEDU com foco na aprovação e no desempenho dos estudantes interfere na educação ofertada pela EEEFM VP, que tem liberdade para ensinar por meio de projetos, desde que não haja mais de

10% de estudantes reprovados. Do mesmo modo, essa oferta pode e deve ser construída com sucesso a partir da realidade local, mas caso não produza a performance desejada, a gestão educacional da SEDU é impactada. As diferenças entre a educação ofertada pela SEDU e EEEFM VP geram diferentes práticas e realidades que interferem no trabalho de professores; nas políticas educacionais; nas atividades educacionais; no planejamento pedagógico e nos projetos educacionais. Dessa maneira, foi constatado pelo(a) estudante de Administração que há atritos entre as próprias práticas responsáveis por ofertar a educação na SEDU e na EEEFM VP.

A prática de produzir "boletins" e "projetos" colide com a realidade trabalhista de professores e com o modo de organizar a educação da EEEFM VP. A terceira regra metodológica é clara nesse ponto, quando reconhece a existência de similaridades e diferenças entre práticas e objetos organizacionais, que devem ser incluídas para tornar possível a produção de fatos e artefatos organizacionais, como inovações, prêmios, certificações, abertura de novos mercados, novas parcerias, invenções e patentes.

A PRODUÇÃO DE "PROJETOS EDUCACIONAIS" E A REALIDADE TRABALHISTA DE PROFESSORES

O primeiro exemplo evidencia que fatos educacionais distintos são produzidos pela inclusão recíproca entre EEEFM VP e SEDU, interferindo na realidade trabalhista de professores que precisam atuar de forma interdisciplinar e atingir metas performativas.

A prática de ensinar por meio da construção de projetos educacionais que inquerem sobre problemas locais foi construída com a relação entre a EEEFM VP e várias outras organizações, como o Projeto Tamar, que foi fundado em 1980 para promover a recuperação de tartarugas marinhas. O Projeto Tamar iniciou suas atividades em Vila Praiana, em 1980. Essa história está inscrita em vários documentos armazenados na secretaria da escola, como nos projetos educacionais premiados, encadernados e arquivados na secretaria da EEEFM VP. Então, o(a) estudante de Administração leu e analisou os projetos ganhadores e perdedores, já que a escola arquivava todos de forma impressa, até mesmo com os feedbacks dados pelas comissões julgadoras. Ler e observar permite compreender que, na década de 1990, o Tamar já contatava a escola com frequência. Tais contatos buscavam interesses comuns como fazer ações de educação ambiental nas escolas, por meio de parcerias estratégicas com a comunidade.

Para o Tamar, uma vila frágil terá que comercializar o meio ambiente. Para fortalecer as instituições locais, a exemplo da EEEFM VP, nos anos 2000, o Projeto Eco Cidadania do Projeto Tamar e a Petrobras premiaram a escola com a construção de uma instalação chamada LIEDI. Nesse edifício está atualmente localizada a sala de recursos, o laboratório de ciências/ biologia e o laboratório de informática, equipados com computadores conectados à internet. Por mais de dez anos, depois que apoiou a construção do LIEDI, o Tamar trabalhou dentro da EEEFM VP. Todo mês havia uma reunião na EEEFM VP, mas ao longo dos anos, os profissionais da escola começaram a pensar que o Tamar só desencadeava mais trabalho. Finalmente, quando a EEEFM VP começou a não dar mais respostas, o Projeto Tamar foi interrompido, deixando, assim, o laboratório para a escola, existindo, todavia, uma relação fortalecida com a comunidade escolar para o Tamar.

Depois que o projeto educacional denominado *O Rio Preto Convida* recebeu o prêmio da SEDU em 2012, o Tamar se desligou da escola. Não obstante, em 2015, o EEEFM VP ganhou novamente o prêmio SEDU de Melhores Práticas em Educação, com o projeto A Gota D'Água, em associação com o Projeto Tamar. Apesar dos inúmeros embates, o Tamar continuou a trabalhar com a escola em 2016, colaborando com a construção da nova horta comunitária da EEEFM VP para a Feira de Ciências.

Tais ideações são desenvolvidos por todos(as) os(as) professores(as), de maneira interdisciplinar, para atender aos critérios de avaliação de projetos educacionais da SEDU. Quando os projetos são finalizados, há um evento de fechamento para a comunidade, com a exposição dos resultados alcançados e com a análise de quais projetos serão continuados. Todos os projetos educacionais são propriamente documentados e enviados pela EEEFM VP para prêmios educacionais diversos. Se os projetos são avaliados positivamente, automaticamente geram boas práticas em educação e dão prêmios aos estudantes e professores, bem como dinheiro significativo para a escola desenvolver as ideias premiadas. Em 2015, por exemplo, a EEFM VR conquistou o prêmio da SEDU de melhores práticas em educação e o prêmio de R$ 25.000,00, que foi maior do que a soma de todos os outros fundos (estaduais e federais) que o EEEFM VP recebeu em 2016. Em 2012, a escola já havia ganhado a premiação da SEDU, que teve a sua primeira edição no ano de 2007.

Com base nessa informação, desde que o ano escolar apenas começava, nosso(a) observador(a) entendeu que até 2015 houve nove edições do prêmio da SEDU. Cada uma das nove edições premiou três categorias: professores, pedagogos e gestores. A rigor, foram concedidos 27 prêmios, em três categorias, ao longo desses nove anos, que poderiam ser disputados por 497 escolas que conformam a rede de educação do Espírito Santo. Desses 27 prêmios, o EEEFM VP ganhou o prêmio de 2015 na categoria "melhor prática de professores" e o prêmio de 2012 na categoria "melhor prática de gestão". Em outras palavras, competindo com 496 escolas, o EEEFM VP conquistou 7,41% dos prêmios concedidos pela SEDU, uma performatividade impressionante para uma escola rural de uma pequena vila.

Em 2016, o desenvolvimento de projetos foi acentuado após o maior desastre ambiental envolvendo atividades de mineração no Brasil — causado pela Samarco Mineração S.A, Vale S.A e BHP Billiton, em 5 de novembro de 2015, que teve um grande impacto sobre a Foz do Rio Doce, onde a escola está localizada. Em 2016 essa escola inscreveu cinco projetos na 10ª edição do prêmio SEDU de Melhores Práticas em Educação e outros projetos em prêmios relacionados, ganhando a etapa regional de um prêmio organizado pela Samsung. Contudo, a prática de educar por meio de projetos não é aceita por todos. Os altos índices de produção de projetos da EEEFM VP em comparação com as outras escolas da rede não são alcançadas sem contestações, ponderou o(a) estudante de Administração. Os prêmios individuais, coletivos e organizacionais, bem como os benefícios ambientais, vêm com um custo elevado para professores e estudantes, que estão cheios de trabalhos, provas e atividades. O esforço transdisciplinar, a escrita de projetos, a documentação, a edição e as reuniões para conceber estratégias educacionais significam mais trabalho. Professores, muitas vezes, se queixam sobre isso, mas também reconhecem que o desenvolvimento de tais ações permite que a escola contribua com as necessidades locais.

A despeito do fato de que o desenvolvimento de projetos produz atritos entre as práticas responsáveis por construí-los, os projetos educacionais geram inovações curriculares capazes de gerar "realidades", como: captação de recursos, prêmios, boas práticas educacionais, reflorestamento da mata ciliar local, reinvestimentos na credibilidade da prática singular da escola, desfiles e passeatas e formação de uma banda de congo mirim. Todos(as) que trabalham e estudam na EEEFM VP sabem que a escola ensina por meio do desenvolvimento de projetos educacionais. No caso dos(as) funcionários(as) que recém chegam na escola, a situação é mais delicada, já que precisam incluir a racionalidade da escola.

Portanto, a observação mais próxima da produção de projetos evidenciou práticas associativas e combativas. O desenvolvimento histórico da prática da EEEFM VP na produção de projetos educacionais levou a escola a alcançar um local de destaque na rede estadual do Espírito Santo, com a captação, por conseguinte, de recursos financeiros para reinvestir no desenvolvimento de novos projetos. Entretanto, também se chegou à conclusão de que trabalhar na EEEFM VP significa trabalhar mais, já que é preciso atender às demandas performativas da rede de ensino e, ao mesmo tempo, desenvolver projetos interdisciplinares.

A PRODUÇÃO DE "BOLETINS" EXITOSOS

A despeito dos prêmios ganhos e das boas práticas produzidas, o segundo exemplo demonstra que uma intervenção da SEDU na escola pode ocorrer caso a EEEFM VP possua altos índices de reprovação. Como veremos, a produção de "boletins" e "projetos" são práticas associadas na vida desta escola pública.

Professores treinados, provas aplicadas, notas inscritas em sistemas educacionais. Os "relatórios" que concentram os "boletins" por turma tomam uma forma específica ao final do primeiro trimestre do ano escolar de 2016. Contudo, é possível verificar que a forma específica dos relatórios dos anos finais do ensino fundamental não atendeu às diretrizes da SEDU. Ao final do primeiro trimestre, exatamente em 23 de maio de 2016, após as provas dos estudantes serem corrigidas e inscritas nos sistemas educacionais da SEDU e do MEC, foi evidenciada, assim, uma performance indesejada dos anos finais do ensino fundamental. Se o ano escolar terminasse no primeiro trimestre, 25% dos estudantes dos anos finais do Ensino Fundamental estariam reprovados. A premissa é a de que mesmo com todas as atividades demandadas pela SEDU tenham sido realizadas, o resultado ao final do primeiro trimestre não fora satisfatório.

No começo do primeiro trimestre, transparecia que a EEEFM VP se limitava a obedecer e responder a todas as demandas da SEDU, trazidas da capital Vitória para as Secretarias Regionais de Educação (SREs) e suas escolas por meio de IOs — seja por e-mail, carta registrada ou pelo Diário Oficial da União. Nada obstante, ao final do primeiro trimestre, foi confirmada uma não conformidade com um padrão direto, já que 25% dos(as) alunos(as) estavam abaixo da média. Uma vez que o trimestre escolar foi finalizado e os alunos foram devidamente inscritos nos sistemas educacionais, o(a) estudante de Administração observou a chegada de novas IOs da SEDU/SRE, solicitando da EEEFM VP a realização de recuperações — muitas vezes, diárias — e de intervenções pedagógicas para reverter o desempenho negativo. Imediatamente, novas atividades e intervenções educacionais começaram a ser pensadas para virar o cenário negativo com respeito ao desempenho dos estudantes. O plano de intervenção elaborado pela EEEFM VP, e exposto em cada uma das salas de aula, foi composto por diagnóstico e reforço em matemática e português, formação de pares, técnicas de agrupamento, conscientização de faltas e notas com estudantes e pais, feira de ciências, trabalhos de casa e Dia da Consciência Negra. Em outras palavras, projetos educacionais historicamente levados de forma transdisciplinar pela escola para concorrer a premiações passaram a ser vistos como possíveis maneiras de melhorar o desempenho dos(as) alunos(as) por toda a equipe pedagógica para além de ser um trabalho extra. Até mesmo funcionários novos na escola, a exemplo da pedagoga dos anos finais do Ensino Fundamental, que sempre resmungava pelos cantos contrariamente ao ensino por projetos levado a cabo na EEEFM VP, terminou enxergando nos projetos uma forma viável de reverter o péssimo desempenho estudantil inscrito nos boletins.

DISCUTINDO POSSIBILIDADES DE USO DO MÉTODO DE PESQUISA IOS E DAS TRÊS REGRAS METODOLÓGICAS

Futuros pesquisadores podem, com base na noção de que organizações utilizam da burocracia para ordenar suas ações, iniciar o trabalho no campo assumindo as IOs como "método" e "campo" de pesquisa. Entretanto, não se trata de analisar em que medida as IOs transcendem o contexto local organizacional ou entender em que medida o interesse particular de uma administração local se reduz ao interesse estatal/nacional/global da burocracia (Weick, 1976). A linguagem formal não é universal ou descontextualizada (Goody, 1986), já que muitas vezes os significados locais subvertem o discurso oficial (Herzfeld, 1993). Posteriores estudos que utilizem IOs devem, portanto, analisar como organizações administram tais retóricas para produzir uma realidade "local" que se conecte parcialmente (Strathern, 2005), em vez de se desconectar ou se opor ao "contexto" burocrático e organizacional.

No caso em apreço, as IOs produzidas pela EEEFM VP foram incorporadas e sujeitas à vigilância pelo fluxo de informações da rede de ensino do Espírito Santo (Munro, 2000). As IOs garantem o controle da SEDU sobre a escola e, paradoxalmente, o controle escolar sobre o que deve ser considerado prioritário ou racional em contexto de prática local. Foi possível identificar que algumas formas de controle administrativo, especialmente aquelas baseadas em informações estatísticas, poderiam ser "usadas tanto para coisas desejáveis quanto detestáveis" (Lyon, Haggerty e Ball, 2012, p 3, tradução nossa). O relato de projetos escolares sobre o meio ambiente poderia ser acomodado dentro da estrutura de controle, mas o fato detestável da taxa de insucesso de 25% ao final do primeiro trimestre do ano escolar de 2016 também estava inscrito nele. Como resultado, o(a) estudante de Administração observou que há fricção e interferência entre os objetos e as práticas do trabalho burocrático e dos rituais organizacionais da SEDU e da EEEFM VP que constroem boletins e projetos (Mol, 2002), produzindo diferentes realidades para a escola e para a rede estadual de educação na qual a escola está inserida.

Desse modo, IOs têm a capacidade de oferecer aos leitores e escritores dos campos da Administração um meio de buscar termos e categorias de análise[2] relevantes para a organização e suas pesquisas organizacionais. Os conceitos, termos e categorias devem ser pensados e construídos em relação com as organizações vividas e a prática investigativa de inquirir sobre os modos organizacionais de existência na atualidade. Trilhando esse caminho, o problema da pesquisa é produzido por meio de observação não participante da vida complexa de qualquer organização, que aponta para práticas controversas; objetos compartilhados; objetivos comuns; elementos textuais e audiovisuais. Assim, qualquer problema de pesquisa é capaz de problematizar aspectos relevantes para a organização e a comunidade na qual a investigação de natureza qualitativa está envolvida.

Portanto, o Método de Pesquisa IOs auxilia pesquisadores começando a investigação no campo organizacional, visto que abre um cosmos para ordenar observações, leituras, produções. A ideia de usar um(a) observador(a)

---

2 O trabalho no campo permite fundar as "categorias analíticas", comumente denominadas de conceitos de ordem superior (higher order concepts) (cf. Given, 2008)

fictício(a) permitiu discutir questões práticas e problemáticas sobre ganhar e manter acesso, bem como instruir futuros(as) investigadores a como iniciar o trabalho "no campo". O infográfico a seguir demonstra como tal Método de Pesquisa colaborou com o(a) estudante de Administração no início da pesquisa, que inqueriu sobre o modo performativo e interdisciplinar de gerir a educação no século XXI.

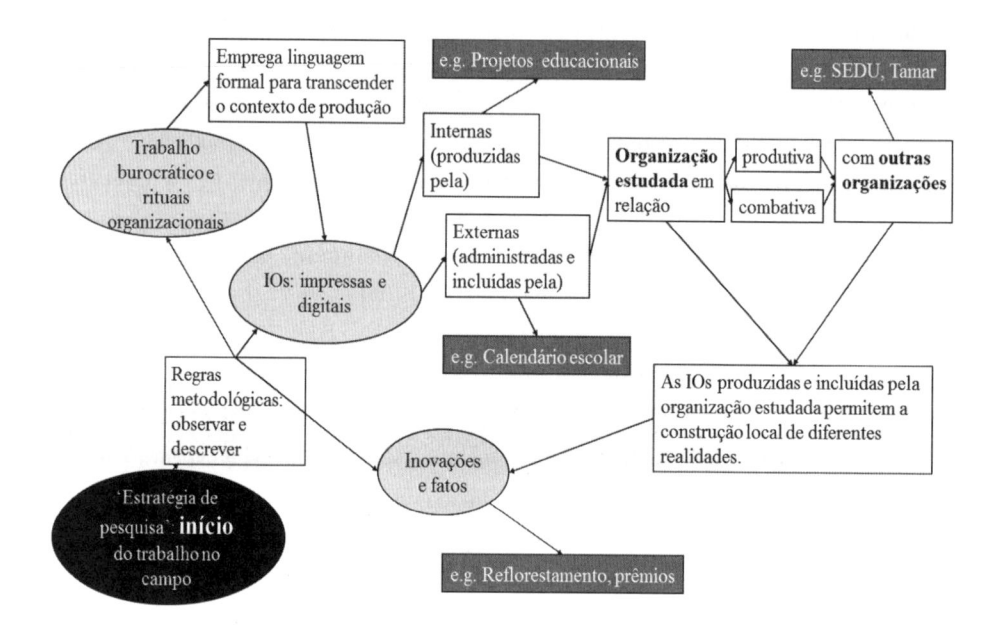

Figura 7: Caminho metodológico para a investigação dos modos administrativos de existência.
Fonte: Desenvolvido pelo primeiro autor.

O Método de Pesquisa IOs aponta para alguns elementos metodológicos importantes. No início da pesquisa, quando pesquisadores apenas conseguiam "observar", foi importante entender o trabalho burocrático e os rituais organizacionais a partir de IOs administradas, incluídas e produzidas pela administração/organização estudada. Ao avaliar e descrever textos, é relevante notar em que medida a organização estudada estabelece relações combativas e produtivas com outras organizações. Para isso, no início da pesquisa, o(a) observador(a) deve portar consigo um caderno de campo, no qual poderá organizar suas observações, desenhar infográficos, layouts, fluxogramas. Outro ponto metodológico relevante diz respeito ao desenvolvimento de pesquisas que lidem com problemas e questionamentos centrais para a organização estudada. Assim, no início da pesquisa, quando é impossível realizar entrevistas, a observação permite buscar elementos textuais e audiovisuais sobre a prática de organizações. Somente assim que o(a) estudante de Administração entendeu que é importante para a EEEFM VP a produção de boletins e projetos, para então haver o diálogo com a literatura sobre poder e resistência, que se mostrou importante para o caso em contexto. Assim, o(a) estudante gerou insights para sua prática da pesquisa, ao estabelecer um problema de pesquisa por problematização (Alvesson e Sandberg, 2011) para inquirir sobre a vida de uma escola em uma rede estadual de educação e definir um tópico de pesquisa relevante para a academia (Colquitt e George, 2011).

A tabela a seguir sumariza as regras metodológicas e o Método de Pesquisa IOs, oferecendo exemplos da pesquisa tanto para as 'regras' quanto para o 'método'.

'REGRAS' E 'MÉTODO'	COMO FORAM OPERACIONALIZADOS
1º regra: enquanto o acesso é construído, observar o trabalho e o ritual burocrático, descrevendo o que resulta dessas práticas.	Frente à impossibilidade de realizar entrevistas, observar a vida da escola, bem como seus documentos e elementos audiovisuais *in situ* e on-line. A observação de práticas e materiais evidenciou o trabalho burocrático e os rituais organizacionais desta organização, que foram descritos pelo(a) estudante.
2º regra: buscar IOs 'administradas', 'incluídas' e 'produzidas' pela organização analisada, *in situ* e on-line.	Encontrou, na escola, inúmeros projetos educacionais impressos, premiados ou não. Ademais, achou o calendário escolar on-line. Tais IOs apontaram para os momentos nos quais certas práticas relevantes para a EEEFM VP eram produzidas, permitindo uma observação direcionada da vida da escola.

3º regra: descrever como e com qual objetivo as organizações e suas diferentes práticas produtivas incluem umas às outras.	Os projetos desenvolvidos na escola envolvem, pelo menos, três organizações diferentes: EEEFM VP; SEDU; e, TAMAR. Logo, diferentes organizações cooperam ao redor de um mesmo projeto visando a produção de realidades singulares, como: o desenvolvimento local (EEEFM VP); a melhora dos índices educacionais do Estado (SEDU); e a preservação marítima da tartaruga gigante (TAMAR).
Método de pesquisa IOs	A despeito da impossibilidade de realizar entrevistas, o trabalho no campo foi iniciado por meio do Método de Pesquisa IOs, ou seja, da observação da vida da escola e da análise de documentos e elementos audiovisuais, *in situ* e on-line.

Tabela 2: Exemplos da pesquisa para cada "regra metodológica" e para o "Método de Pesquisa".

Fonte: Elaborada pelo primeiro autor.

CONSIDERAÇÕES FINAIS

Com isso, assim como o(a) estudante de Administração logrou, leitores também conseguirão:

- Mudar "os termos com que organizações e matérias organizacionais são enunciadas, pensadas e apreendidas" (Cabantous et al., 2016, p. 23, tradução nossa).
- Encontrar um campo que guie a realização da revisão da literatura (ver Capítulo 2), com o objetivo de gerar um tópico de pesquisa significante, inovador, curioso e prático para a academia (Colquitt e George, 2011).
- Estabelecer estudos e publicações exemplares para pensar o processo da pesquisa (ver Capítulo 2).

- Gerar problemas de pesquisa por meio de problematização (Alvesson e Sandberg, 2011).

No entanto, o uso restrito dessa perspectiva apresenta limitações. A observação e leitura de documentos permite o início da pesquisa no campo organizacional (Wagner, 2016). Por conseguinte, nenhum ponto de vista pode resistir a questionamentos ou ser total (Latour e Woolgar, 1997). Pesquisadores devem continuar trabalhando e auxiliando a organização na qual estão inseridos, para assim obter uma maior imersão no campo. Com base nas informações iniciais coletadas e na necessidade de ganhar maior imersão, tratou de estruturar uma ficha do seu projeto de pesquisa, sumarizando o título, o objetivo geral, os objetivos específicos e os questionamentos que precisam ainda ser respondidos (ver imagem a seguir).

PROJETO DE PESQUISA

REPENSANDO PODER E DENOMINAÇÃO: AS REALIDADES EM CONSTRUÇÃO NA ESCOLA (TÍTULO PROVISÓRIO)

Nome – Mestrando(a) em Administração – PPGADM
Disciplina: Pesquisa Qualitativa Aplicada – Professor(a) Dr(a). Nome

Objetivo Geral: Identificar as práticas e as relações em voga na escola.

Objetivos Específicos e Questões de Entrevista

→ **IDENTIFICAR A ROTINA PRATICADA NA ESCOLA**

- As ações escolares ocorrem apenas na escola ou extrapolam os seus muros?
- Número de pessoas, funções, como agem, horário de trabalho, intervalos?
- Agenda de reuniões, tipos de reuniões, softwares e ferramentas de uso diário, ferramentas de uso eventuais, sobre os telefonemas e e-mails (para quem, sobre o quê,

qual tempo...), momentos complexos e de pressão, relações interpessoais?

- Quantos alunos são atendidos por quantos professores, coordenadores, inspetores e merendeiros simultaneamente?
- Como o Estado dimensiona os recursos dados para cada uma das escolas da rede estadual de educação da qual a escola analisada é parte?
- Organograma e mapa de processos principais?
- Ferramentas de comunicação entre escolas, entre escola e Secretaria Estadual de Educação, entre escola e Secretaria Regional de Educação e entre escola e Ministério de Educação?
- Comunicação com superiores, Comunicação com pais de estudantes, Comunicação com outros (ex: TAMAR)?

→ **IDENTIFICAR OS PRINCIPAIS PROBLEMAS E DESAFIOS**

- Da relação escola e estudantes?
- Da relação escola e secretarias (estadual e regional) de educação?
- Da relação escola e MEC?
- De recursos (tempo, custo, qualidade, recursos humanos, material...)?

→ **IDENTIFICAR AS HABILIDADES NECESSÁRIAS AOS GESTORES**

- Na gestão escolar – da escola?
- Na gestão educacional – da relação entre escola e rede educacional (estadual, federal)?

Figura 8: Ficha do projeto de pesquisa, contento título, objetivo geral, objetivos específicos e questões de entrevistas.
Fonte: elaborada pelos autores.

Boa sorte no início da jornada no campo. Para isso, use os modelos sugeridos neste capítulo, a exemplo do Roteiro de Observação e da Ficha do Projeto de Pesquisa. Por último, destaca-se uma quarta e última regra metodológica: encare o caminho cursado como o próprio conhecimento (Latour, 2007), em vez de focar nas metas das teorias das áreas da Administração ao percorrê-lo (Cooper, 1989). Invertendo tal lógica, dialogar produtivamente e não de forma submissa com a literatura poderá ser algo pensável.

À continuação, há questões reflexivas para planejar o começo da pesquisa. Disponibiliza-se também uma tabela com indicação de leituras complementares, tratando de temas metodológicos relacionados ao início do trabalho no campo e que não foram tratados a fundo no decorrer deste capítulo. Aproveite!

QUESTÕES REFLEXIVAS

Mas, afinal, o que é preciso lembrar antes de iniciar a pesquisa administrativa/organizacional, enquanto se ganha e mantém acesso no campo? Reflexivamente, responda às questões a seguir para lembrar de alguns pontos importantes antes de entrar no campo:

- Comprou um caderno de campo? Realizou pesquisas on-line sobre a organização estudada?

- Com base nas pesquisas iniciais, consegue definir o que produz a organização estudada e como ela organiza sua produção historicamente?

- Como ela se organiza e quais são os objetivos visados? Quais práticas e objetos são empregados neste exercício?

- A organização estudada depende da burocracia para organizar suas ações? Caso sim, quais IOs administradas, incluídas, e produzidas pela organização estudada foram encontradas in situ e on-line?

- Quais organizações, seres, naturezas elementos se relacionam com a organização estudada? Qual a natureza destas relações: São produtivas? Combativas?

- Longitudinalmente, como a busca pelo objetivo organizacional foi (re)organizada ao longo da observação?

- Como os achados da pesquisa se relacionam com a literatura especializada?

LEITURAS COMPLEMENTARES

Ademais das pesquisas citadas no decorrer deste capítulo, a tabela a seguir apresenta outras sugestões de leituras relacionadas que podem auxiliar o(a) leitor(a) a começar uma pesquisa qualitativa enquanto o acesso no campo é construído.

TEMAS METODOLÓGICOS RELACIONADOS	COMENTÁRIOS	SUGESTÕES DE LEITURA
Caderno de campo.	O caderno de campo, cuja definição é imprecisa, demanda trabalho de escrita e análise constante do(a) pesquisador(a).	Cefai, 2013b; Clifford 1990; Emerson, Fretz e Shaw, 2011; Fine, 1993; Jackson, 1990.
Etnografia como Estratégia e Método de Pesquisa.	A etnografia torna possível a descrição confiável da vida de pessoas por meio de observação prolongada no campo.	Cefai, 2013a; Ingold, 2011; Wagner, 2016 [1975].
Inscrições.	Análises que reconhecem que a ação não pertence ao corpo ou a locais específicos.	Cooper, 1989; Cooren, 2004; Czarniawska, 2004; Derrida, 1974; Latour e Woolgar; 1997.
Construindo pesquisas e publicações exemplares.	Trabalhos sobre metodologia qualitativa e redação de pesquisas exemplares sugerem que pesquisadores busquem um artigo modelo em relação com seus inquéritos de pesquisa para pensar a prática da investigação.	Frost e Stablein, 1992; Pratt, 2009; Silverman, 2013.

Tabela 3: Leituras complementares.
Fonte: Elaborado pelo primeiro autor.

→ **OBJETIVO:** Uma vez iniciada a investigação, é preciso fazer uma pesquisa bibliográfica e escrever a revisão da literatura em consonância com a prática analisada. Para isto, este capítulo apresenta o Método de Pesquisa inscrição literária (Cooper, 1989; Derrida, 1974; Latour e Woolgar, 1997).

→ **CAMINHO METODOLÓGICO:** O método inscrição literária é usado para guiar a pesquisa bibliográfica e a escrita da revisão da literatura a partir de um exemplar para: (1) a pesquisa; e, (2) uma das áreas da Administração.

→ **CAMPO:** Para demonstrar como escrever a revisão da literatura na prática, o campo deste capítulo é a organização universitária pública e um estudo seminal de Narrativa de Ficção.

→ **ACHADOS:** O método inscrição literária permite construir uma agenda polissêmica de usos e interpretações de termos relevantes para os campos de estudo da Administração, a exemplo da Narrativa de Ficção.

→ **ORIGINALIDADE:** Apresenta um método para guiar a pesquisa bibliográfica e escrever a revisão da literatura a partir de um estudo ou de uma publicação exemplar.

→ **PALAVRAS-CHAVE:** Revisão da Literatura; Pesquisa Bibliográfica; Método de Pesquisa; Narrativa de Ficção; Inscrição Literária; Modalidade.

2

Escrevendo a Revisão da Literatura

*Escrito por Bruno Luiz Américo
e Stewart Clegg*

APRENDIZAGEM ESPERADA

Com a leitura deste capítulo, o(a) leitor(a) poderá:

- Confirmar a importância de partir do trabalho no campo, que oferece categorias de análise para a investigação e, logo após, escrever a revisão da literatura.

- Entender a importância de encontrar um estudo exemplar para pensar, ao longo do tempo, o desenvolvimento: (1) da própria pesquisa; e, (2) do campo no qual a pesquisa se insere.

- Aprender como encontrar um estudo exemplar para a investigação, que igualmente deve ser seminal e/ou extremamente relevante para o campo de pesquisa.

- Traçar, a partir desse estudo exemplar, a rede de estudos que compõe o campo de pesquisa na qual o estudo se insere.

INTRODUÇÃO

No capítulo anterior, a narrativa de ficção evidenciou que as categorias de análise que emergem do campo permitem entender aspectos particulares da realidade organizacional e social (Silverman, 2013; 2016). Neste capítulo, uma nova narrativa ensina o Método de Pesquisa "inscrição literária" (Cooper, 1989; Derrida, 1974; Latour e Woolgar, 1997). Este método pode ser usado para guiar a pesquisa bibliográfica e a escrita da revisão da literatura a partir de um estudo ou publicação exemplar (seminal, crítico, bem citado) para: (1) a pesquisa e as questões (intrigantes, controversas) encontradas no campo; e, (2) uma das áreas da Administração.

Assim, este capítulo auxilia pesquisadores(as) a responder a seguinte questão teórica e prática:

- Após iniciar a investigação e mapear questões intrigantes para a organização estudada, que servem como categorias de análise[1], como escrever a revisão da literatura em harmonia com os dados coletados e analisados no campo?

Todo e qualquer projeto de pesquisa deve apresentar uma revisão da literatura — referencial teórico, estado da arte, sistematização do conhecimento. Após iniciar a pesquisa, uma vez que as categorias de análise estejam definidas por meio do trabalho no campo, é imprescindível dialogar com um campo da Administração e conhecer a fundo suas pesquisas exemplares (Frost e Stablein, 1992). Em outras palavras, as categorias coletadas e analisadas no campo devem ser harmonizadas com outras categorias de pesquisas exemplares. É este diálogo entre a prática e a teoria que torna possível a escrita da revisão da literatura.

Ao final do primeiro capítulo, por exemplo, foi evidenciado que Poder aparece como categoria relevante para a escola estudada, que precisa gerir os modos de controle do Tamar e da SEDU e, mesmo assim, se destaca na rede estadual de educação ganhando prêmios. Logo, o personagem do capítulo anterior poderia assumir algum estudo exemplar que versa sobre Controle e Resistência

---

1   O trabalho no campo permite fundar as categorias analíticas, conforme descrito no capítulo anterior. Categorias analíticas são comumente denominadas de higher order concepts (cf. Given, 2008).

ao Controle. A construção do diálogo entre prática e teoria permite, além de escrever a revisão da literatura, descrever os achados da investigação e dar sentido às contribuições (teóricas, metodológicas, práticas) da pesquisa qualitativa para uma área da Administração.

FUNDAMENTANDO PESQUISAS QUALITATIVAS

Este capítulo assume a figura de um(a) novo(a) personagem fictício(a) que, no desenvolvimento do trabalho de conclusão de curso, na Universidade Federal de Minas Gerais (UFMG), pesquisou uma associação de Brumadinho, que foi destruída pela lama da Vale em 25 de janeiro de 2019. Natural de Belo Horizonte, cresceu entre o museu a céu aberto de Inhotim e a Cachoeira das Ostras. Por conseguinte, sempre buscava entender como a lama impactou na "emoção" e nos "sonhos" daquela associação e das pessoas que nela trabalham. Embora tivesse intimidade com o local, não sabia ao certo como pesquisar, descrever e analisar esses sentimentos, extremamente subjetivos para qualquer campo científico.

Nas áreas da Administração, é notória a dificuldade de se coletar e analisar dados altamente abstratos, a exemplo de sonhos e emoções (Donnelly et al., 2013; Gabriel, 1995; Kara, 2013). Ciente desse fato, o(a) aluno(a) da UFMG buscou expandir conhecimentos dessa natureza por meio de uma experiência "sanduíche" na Austrália, na Universidade pública em Sidney (University of Sydney). Desse modo, o(a) novo(a) personagem fictício(a) passou a ser denominado "estudante viajante".

COLETA E ANÁLISE DE DADOS SUBJETIVOS NA ADMINISTRAÇÃO E NOS ESTUDOS ORGANIZACIONAIS:

O objetivo de um estudo qualitativo é entender como ocorre a construção de um fato ou de um artefato organizacional, a exemplo de uma organização, uma estratégia organizacional ou um atendimento clínico de um paciente (Silverman, 2016). Para tal fim, é preciso evidenciar em que medida a combinação de enunciados extremamente subjetivos podem concretizar a existência de algo mais profundo para a prática da pesquisa: condições objetivas — como os achados do seu trabalho de conclusão de curso, dissertação ou tese —, que resultam da sobreposição de enunciados extremamente subjetivos. Como entenderemos no decorrer deste e do próximo capítulo, não há nada milagroso na prática de coletar dados subjetivos por meio de entrevistas, observações e/ou documentos; ou de analisar estes dados por meio de narrativa de histórias, intervalos de tempo e/ou mapeamentos gráficos (Gabriel, 1995; Langley, 1999).

O estudante viajante realizou inúmeras disciplinas, como, por exemplo, *Advanced Management and Organisation Research Methods* (Gestão Avançada e Métodos de Pesquisa Organizacional). Em uma dessas disciplinas – especificamente, *Researching Organisations and Management* (Pesquisando Organizações e Gerenciamento) –, que foi a primeira cursada, o *distinguished professor* (professor) era igualmente o coorientador da pesquisa que seria desenvolvida em Brumadinho – MG, Brasil. Após uma breve introdução baseada no tópico How to Write (Como Escrever) nessa disciplina, o professor instigou os estudantes a conhecer o livro *Doing Exemplary Research* (Fazendo Pesquisa Exemplar), escrito por Frost e Stablein (1992), a partir da análise do processo da construção de sete estudos exemplares para o campo da Administração e dos Estudos Organizacionais. Além disso, os estudantes tiveram que escolher um exemplar oficial dentre os analisados pelo livro para defender, ampliar e criticar. Preferencialmente, o exemplar do livro deveria servir para o projeto de pesquisa (TCC, dissertação, tese) desenvolvido pelos(as) estudantes.

No primeiro encontro da disciplina, o professor pede aos alunos que abram o plano de ensino da matéria, para a verificação dos artigos exemplares inscritos no livro. Ao abrirem, de forma sincronizada, encontraram o plano de ensino, cujo conteúdo está disposto no quadro a seguir:

PLANO DE ENSINO DA UNIVERSIDADE AUSTRALIANA

A lista de exemplares segue a estrutura do livro de Peter Frost e Ralph Sablein (eds.), Doing Exemplary Research. O livro discute sete pesquisas exemplares, que estão dispostas a seguir:

1. Stephen Barley et al (1988) "Cultures of Culture: Academics, Practitioners and the Pragmatics of Normative Control", ASQ, 33, 24-60.
2. Gersick, C. J. G. (1988) "Time and Transition in Work Teams: Towards a New Model of Group Development", Academy of Management Review, 11, 67-80.
3. Meyer, A. D. (1982) "Adapting to Environmental Jolts", ASQ, 27, 515-537.
4. Sutton, R. I & Rafaeli, A. (1988) "Untangling the Relationship Between Displayed Emotions and Organizational Sales: The Case of Convenience Stores", AMJ, 31, 461-487.
5. Jermier, J. (1985) "When the Sleeper Awakes: A Short Story Extending Themes in Radical Organization Theory", JOM, 11, 2, 67-80.
6. Barron, James N., et al (1986) "War and Peace: The Evolution of Modern Personnel Administration in U.S. Industry", AJS, 92: 350-383.
7. Latham, Gary P. et al (1988) "Resolving Scientific Disputes by the Joint Design of Crucial Experiments by the Antagonists: Applications to the Erez-Latham Dispute Regarding Participation in Goal – Setting", JAP, 73, 753-772

Nas palavras do professor:

> "[...] gerenciar a revisão da literatura exige exaustividade e direção dada por uma narrativa, que pode ser desenvolvida por meio do estabelecimento de exemplares de pesquisa. Pesquisas exemplares são trabalhos que funcionam teórica e metodologicamente como sinalização — eles nos ajudam a encontrar o caminho".

O professor ainda disse: "Nesta disciplina, vocês vão analisar artigos exemplares, discuti-los, estabelecer exemplares semelhantes para a sua própria pesquisa, avaliar estes e mostrar como eles orientam seus esforços de pesquisa". O(a) estudante viajante entendeu, a partir dessa explicação, que precisava encontrar, dentre os sete capítulos de Frost e Stablein (1992), um exemplar para a sua pesquisa para concomitantemente cursar a disciplina com êxito e escrever a revisão da literatura de seu próprio projeto de pesquisa organizacional.

Mais tarde, no Centre for Business and Social Innovation (Centro para Inovação Social e de Negócios), após uma reunião do Management Discipline Group (Grupo de Disciplina de Gestão), o(a) estudante viajante teve a primeira reunião com o professor, onde pôde expor e discutir respeitosamente suas dúvidas sobre seu projeto de pesquisa. Após explicar sobre os dois crimes ambientais cometidos no Brasil, em 2015 e 2019, pela Samarco e Vale, respectivamente, relatou sua conexão com Brumadinho e sua vontade de estudar sentimentos e emoções produzidos a partir desse contexto e de uma associação local. Ao reconhecer o caráter extremamente subjetivo dos dados que deveriam ser coletados e analisados, o(a) estudante viajante demonstrou certa preocupação, prontamente ouvida pelo professor, que tentou acalmá-lo.

Por sorte ou acaso, um dos sete artigos exemplares tratava exatamente da dificuldade de coletar, analisar e expor informações altamente subjetivas, a exemplo de teorias organizacionais ou de alienação social. Trata-se de um artigo seminal do campo de pesquisas sobre narrativa de ficção na Administração e nos Estudos Organizacionais, escrito por John M. Jermier, no ano de 1985, intitulado "'When the Sleeper Wakes': A Short Story Extending Themes in Radical Organization Theory". No entendimento do professor, nada melhor do que ficção para expor dados altamente abstratos, coletados no campo. O(a) estudante viajante, no entanto, mostrou-se reticente, visto que desconhecia este campo de pesquisa e pretendia usar a aprendizagem organizacional para "enquadrar" seus dados. Frente a atitude do(a) estudante, o professor disse que a disciplina dele fosse o momento perfeito para conhecer e mapear as potencialidades do campo de pesquisa sobre narrativa de ficção, considerando tal necessidade: "Aproveite esta oportunidade para traçar e compreender este campo de pesquisa a partir de Jermier (1985)". E complementou dizendo, segundo Bruno Latour, em Reagregando o Social: "Você não 'enquadra' nada. São os dados que apontam para as formas harmônicas de estabelecer o diálogo com a literatura!"

O(a) estudante viajante cumprimentou o professor e saiu de seu escritório com a certeza de que, a despeito de suas pretensões, deveria atender às demandas impostas pelo seu professor e coorientador local. Lembrou que, em sala de aula, o professor havia sido claro no que precisava ser feito: sob a responsabilidade dos estudantes estava apenas a definição de como fazê-lo. Assim demandou o professor: "Para defender, ampliar e criticar o artigo escolhido, na próxima aula, vocês deverão demonstrar, por um lado, (1) o uso da literatura feito pelo exemplar, e por outro lado, (2) as citações e (3) as críticas feitas ao exemplar".

Já que os estudantes deveriam definir como fazer a análise do artigo exemplar, o(a) estudante viajante encontrou nesta dificuldade uma oportunidade. De forma alternativa, ele(a) utilizou a noção de inscrição literária (Derrida, 1974; Latour e Wooglar, 1997) para demonstrar como Jermier (1985) usou a literatura e como suas enunciações foram posteriormente utilizadas. Logo, assumiu a inscrição literária como Método da Pesquisa para organizar a literatura sobre o campo de narrativa de ficção a partir de Jermier (1985). Desta feita, este capítulo apresenta o Método de Pesquisa inscrição literária, que igualmente pode auxiliar outros(as) leitores a escrever a revisão da literatura a partir de um texto exemplar para o campo de pesquisa.

Parte-se de um exemplo prático: a partir da sugestão do coorientador do(a) estudante viajante para utilizar a narrativa de ficção com o intuito de expor aspectos subjetivos sobre a vida de trabalhadores de Brumadinho, tem-se a tarefa de mapear este campo de pesquisa a partir de uma publicação exemplar, crítica e seminal. Logo, a partir de Jermier (1985), esse capítulo ensina a importância de entender em que medida um texto seminal utiliza a literatura anterior e os tipos de usos e interpretações da visão literária contida no exemplar.

Assim, a inscrição literária é apresentada como uma forma emergente de fazer um levantamento sistemático da literatura, para que outros(as) pesquisadores(as) possam pensar e escrever suas revisões, a partir de um ou mais trabalhos exemplares.

A INSCRIÇÃO LITERÁRIA

A noção de inscrição literária (Cooper, 1989; Derrida, 1974; Latour e Woolgar, 1997) oferece, de maneira geral e ampla, um Método de Pesquisa para organizar a literatura sobre determinado campo de pesquisa, a partir de um ou mais artigos seminais para o campo.

Extraído de Derrida (1974), a noção de inscrição literária foi utilizada como um recurso auxiliar na etnografia da ciência realizada por Latour e Woolgar (1997), junto ao Instituto Salk, na Califórnia, para reorganizar os traços, as atividades, os pontos, os histogramas, os registros, os espectros e os gráficos mobilizados durante o processo de produção dos fatos pertinentes à construção do conhecimento na área da neuroendocrinologia na década de 1970. A inscrição literária ajudou os autores a demonstrarem o caráter necessariamente incompleto, provisório e situado do conhecimento que, mesmo quando se encontra inscrito em uma forma literária específica, como ocorreu com os artigos produzidos pelo Instituto Salk, mantém aberta a possibilidade de sua ressignificação.

Este capítulo aplica a inscrição literária para analisar Jermier (1985) e cartografar a rede de estudos sobre narrativa de ficção formada ao seu redor. É importante notar que Jermier (1985), como qualquer outro artigo seminal, deve ser descrito como uma produção cuja credibilidade "depende, ao mesmo tempo, do uso que fez da literatura precedente, dos inscritores, dos documentos, dos enunciados, assim como das reações que provocou" (Latour e Woolgar, 1997, p. 90). Para leitores interessados no uso do método, são duas coisas que a inscrição literária ensina:

1. Analisar a literatura, os documentos, as tabelas, os argumentos, as figuras utilizadas pelo estudo exemplar;

2. Observar os usos que foram feitos (afirmação, negação, extensão) do estudo exemplar.

Ao analisar os argumentos utilizados pelo exemplar, Jermier (1985) pode ser descrito como o resultado de escolhas intelectuais que converteram um conjunto de perspectivas em um grupamento de enunciados, o qual participa da produção do campo de investigações de narrativa de ficção. Ao analisar os usos que foram feitos do estudo exemplar, os enunciados sobre Jermier (1985) puderam ser descritos como modalidades — enunciados sobre a veracidade ou positividade de outros enunciados — que adicionam e subtraem aspectos particulares do texto (Ducrot e Todorov, 1979; Latour e Woolgar, 1997).

> **MODALIDADE**
>
> Primeiramente, é importante notar que a ideia de modalidade é consonante com o Método de Pesquisa inscrição literária (confira Latour e Woolgar, 1986). Uma modalidade pode ser explicada como um enunciado sobre outro enunciado, onde "o falante" realiza um julgamento com respeito a "outro discurso" em relação com seu contexto de enunciação (cf. Ducrot e Todorov, 1979, p. 303; Latour e Woolgar, 1986 [1979], p. 90).
>
> As modalidades — os enunciados sobre os enunciados — que estenderam o trabalho de Jermier (1985) estão agrupadas nos seguintes tipos, que (ver imagem a seguir):
>
> - (1) "negam" Jermier (1985);
> - (2) citam Jermier (1985) para "afirmar" suas próprias declarações;
> - (3) citam Jermier (1985) para afirmar a "necessidade" de estender esse caminho para a atividade do conhecimento; e,
> - (4) citam Jermier (1985) para produzir "possíveis" novos caminhos para a atividade do conhecimento.

Figura 9: Guia para analisar pesquisas exemplares (seminais) criticamente.
Fonte: elaborada pelos autores.
As modalidades 3 e 4 produzem operações deônticas,
indicando o que deve ser feito (Ducrot e Todorov, 1979).

Foi dessa maneira que o(a) estudante viajante analisou Jermier (1985), visando organizar o conhecimento sobre narrativa de ficção na Administração e nos Estudos Organizacionais e ser aprovado pela University.

DESCREVENDO JERMIER (1985) - OS USOS FEITOS PELO EXEMPLAR SOB ANÁLISE

O artigo "'When the Sleeper Wakes': A Short Story Extending Themes in Radical Organization Theory", tem um paralelo com o romance de ficção científica distópico *The Sleeper Awakes* do escritor inglês H. G. Wells. Tal paralelismo é análogo porque Mike Armstrong, assim como Graham

— principal personagem do livro *The Sleeper Awakes*, que acorda de um sono/sonho profundo e se depara com um pesadelo. Apesar do fato de as particularidades de cada história serem diferentes, a experiência de Mike Armstrong é de uma vida alienada como um trabalhador em uma fábrica de fosfato, marcada por mecanismos complexos de controle administrativo.

Precisamente, o artigo de Jermier (1985) é sobre as duas mentes de Mike Armstrong, um trabalhador de uma planta de fosfato localizada em Tampa, Florida. Os estados duais de mente/ação "dramatizam os momentos existenciais de alienação pessoal (Laing, 1965) e simbolizam aspectos auto-contraditórios de sistemas capitalistas" (Jermier, 1985, p. 73 e 74, tradução nossa), sendo relacionados com o ser humano comum da Teoria Marxista Dialética e o anti-herói da Teoria Crítica. Essas duas "teorias" são apresentadas por meio de duas versões da vida profissional do personagem de tipo ideal, a saber: o sonho (noite) e o pesadelo (dia). Ou seja, a narrativa de ficção é empregada para discutir aspectos teóricos relacionados com a Dialética Marxista e a Teoria Crítica.

Para demonstrar a relevância de seus argumentos, Jermier (1985) recupera conceitos teóricos relevantes, desenvolvendo implicações relacionadas às questões que são reformuladas. Entre os conceitos teóricos reorganizados pelo autor estão: Cognição do Trabalhador e Teoria da Organização (Weick, 1979); Consciência do Trabalhador e Teoria da Organização (Mann, 1973); Teorias Marxistas da Teoria Organizacional (Israel, 1975). Para Jermier (1985, p. 78, tradução nossa), há muitas implicações inovadoras em relação à prática explorada pelo conto de Mike Armstrong, no qual ele "confronta um mundo estranho e dá sentido a ele", a fim de conceituar características dos trabalhadores, como alienação, exploração, simbolismo, coletividade, práticas. Jermier (1985, p. 79, tradução nossa) ilustra pontos de vista teóricos — Teoria Crítica, Marxismo Dialético e trabalhador autorrealizado — sobre a consciência alienante de "descrever os efeitos de eventos organizacionais problemáticos sobre os trabalhadores de forma bastante diferente".

Tal caminho alternativo só foi possível uma vez que Jermier (1985) negou a literatura anterior baseada no que ele chama de Teoria da Organização Tradicional e, ao mesmo tempo, reforçou suas declarações com múltiplos documentos e formulários legítimos (Latour e Woolgar, 1997). Jermier (1985) também empregou esse acúmulo de citações correlacionadas com as abordagens alternativas da Teoria Crítica e do Marxismo Dialético para gerar o efeito de objetividade com o uso dos "conceitos de gestão humanista que são radicalmente diferentes da tradicional teoria da organização" (Jermier, 1985, p. 79). Não apenas diferente, mas substancial, uma vez que apenas essas duas abordagens reconhecem "o contexto político-econômico na análise de estados subjetivos e propõem estratégias de mudança de nível macro para eliminar a alienação e humanizar o trabalho (Jacoby, 1975; Nord, 1977)" (Jermier, 1985, p 179, tradução nossa). Assim, desde que é relevante compreender o comportamento organizacional em relação às práticas humanas de construção de significado, Jermier (1985) é capaz de afirmar a viabilidade de fazê-lo por meio da Teoria Crítica e do Marxismo Dialético.

Ao olhar para trás, repensando o caminho percorrido, o(a) estudante viajante lembrou de textos de Langley (1999) e Pratt (2009) que havia lido recentemente: "Será muito complicado expor para a turma, apenas textualmente, em que medida Jermier (1985) conseguiu produzir um status de verdade para seus enunciados e enunciações. Talvez um mapa mental me ajude a mostrar como sair da leitura para a interpretação". Falando consigo mesmo, depois de comer um *phó*[2] observando as ondas de Little Avalon Reef, correu para a casa e construiu a figura a seguir, que tornou possível apresentar as citações feitas por Jermier (1985). Com a figura, esperava mostrar as diferentes perspectivas, conceitos, estratégias abordadas no texto. Com isso, o(a) estudante viajante entendeu e apresentou os caminhos percorridos por este autor para o professor e a turma, descrevendo como Jermier (1985) gerou uma existência relativamente autônoma e objetiva para seu texto e, ao mesmo tempo, participou da construção do campo de estudos da narrativa de ficção na Administração e nos Estudos Organizacionais.

A figura demonstra em que medida Jermier (1985) utiliza a literatura anterior para que outros(as) leitores(as) também possam descrever como os argumentos são construídos por outros estudos exemplares. No próximo tópico, os artigos que citaram os usos feitos *do* estudo exemplar em Jermier (1985) são articulados pelo(a) estudante viajante.

---

2   Sopa típica do Vietnã.

MÉTODO DE PESQUISA QUALITATIVA

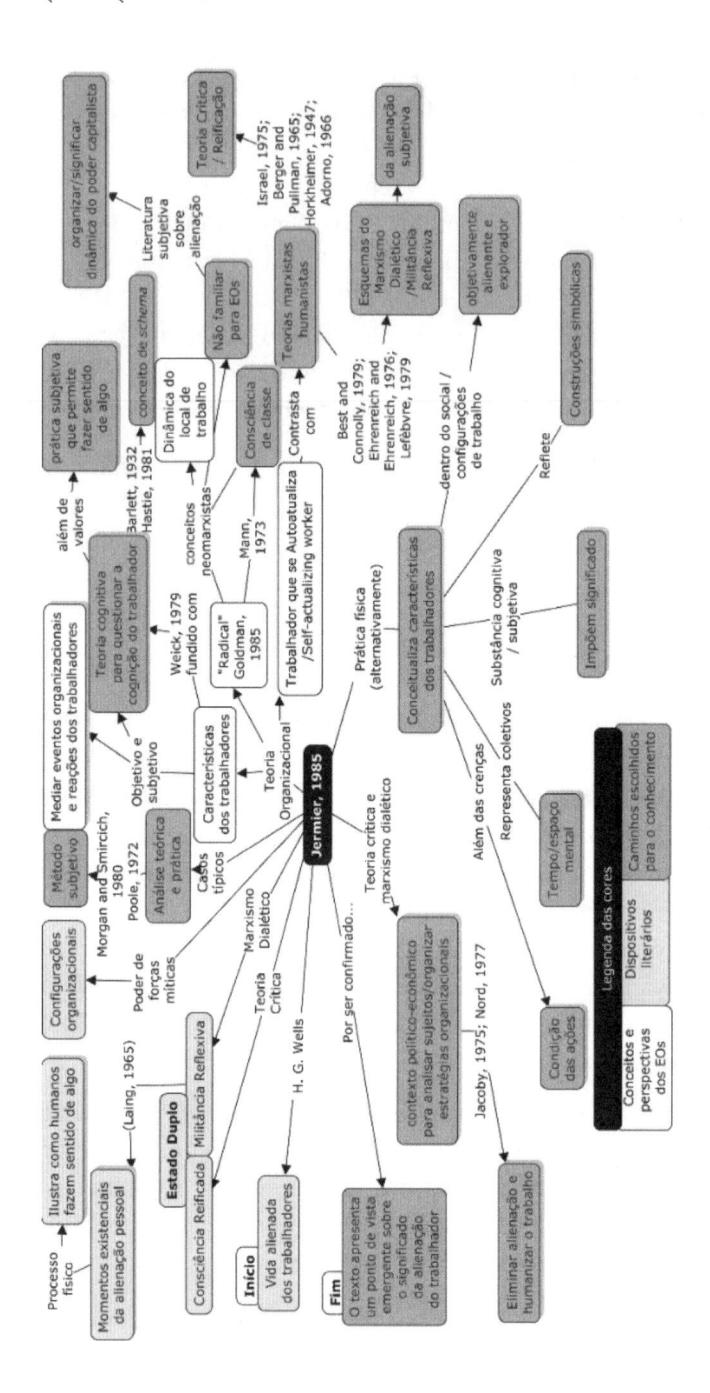

Figura 10: O caminho para o conhecimento proposto por Jermier (1985).
Fonte: Elaborado pelo(a) estudante viajante com base em Jermier (1985).

ARTIGOS QUE CITAM O TEXTO ANALISADO – OS USOS FEITOS DO EXEMPLAR

O trabalho de Jermier (1985) se tornou parte de outras operações relacionadas ao campo da Administração e dos Estudos Organizacionais, presumiu o(a) estudante viajante. Esse fato é evidente se considerarmos que outros 120 trabalhos acadêmicos citam este artigo. A busca foi feita pelo Google Acadêmico, sem incluir citações nem patentes, e encerrada em 3 de junho de 2019. Para entender como certas concepções de ficção foram abordados na Administração e nos Estudos Organizacionais, o(a) estudante viajante procurou entender os efeitos que Jermier (1985) segue produzindo. Das 120 citações feitas do exemplar, considerando que algumas se repetiam ou não puderam ser acessadas, apenas 99 foram analisadas.

Além de criar representações gráficas para mostrar como este estudo foi do dado "cru" para os "construtos" usados para analisar, representar e performar os dados (Pratt, 2009), outra estratégia de análise de dados processuais foi utilizada, sendo ela agrupamento temporal (Langley, 1999). Destarte, é importante notar que os artigos que citam Jermier (1985) são analisados pelo(a) estudante viajante em três períodos: 1985–1995; 1996–2006; e 2007–2019. Leitor(a), no caso do seu estudo, reflita sobre a necessidade ou não de estabelecer períodos para a análise. Ademais, perceba que o(a) estudante viajante buscou e leu os artigos, ao longo da disciplina, para poder apresentar quais modalidades estenderam Jermier (1985). Para isto, agrupou essas modalidades nos seguintes tipos:

1. negação;

2. afirmação;

3. deôntica – obrigação (necessidade) ou direito (possibilidade).

A variedade deôntica foi subdividida em duas noções: de obrigação (necessidade); e de direito (possibilidade) (Ducrot e Todorov, 1979). As modalidades permitiram ao(à) estudante viajante entender e descrever os estilos dos textos que citam Jermier (1985), concentrando-se na relação entre o falante (texto citando-o), o ouvinte (local e momento da citação) e o referente (Jermier, 1985) (Ducrot e Todorov, 1979).

1985-1995

A Figura 11 exibe os textos que citaram Jermier (1985) de 1985 à 1995. Nesse período, o Google Acadêmico fornece 17 resultados, sendo 5 capítulos de livros, uma tese de doutorado e 11 artigos[3]. Não foi possível coletar dados para Conrad (1990). Além disso, nenhum destes resultados nega o caminho para o conhecimento proposto por Jermier (1985). Como a Figura abaixo evidencia, em 14 textos, as enunciações sobre Jermier (1985) buscam afirmações próprias. Outros dois artigos, ambos publicados no periódico Organization Studies, ligam-se a Jermier (1985) a fim de prolongar esse caminho para a atividade do conhecimento (Phillips, 1995) e produzir caminhos emergentes para a atividade do conhecimento (Gabriel, 1995). Como ponderação do estudante viajante: "vou produzir mapas e tabelas para os três períodos, assim tornarei minha apresentação e meu artigo mais claros e acessíveis".

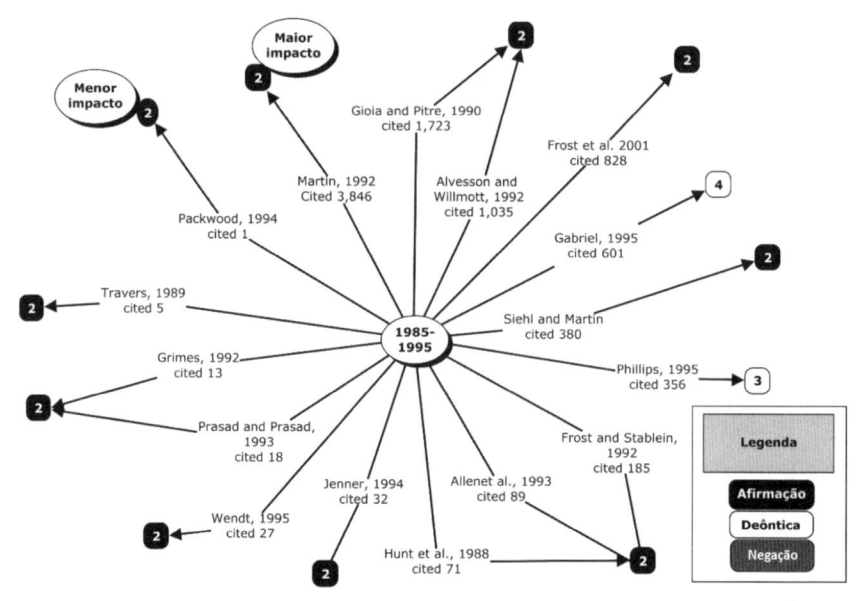

Figura 11: Ensaios que citaram Jermier (1985) de 1985 a 1995 — cited, em tradução livre: citado.
Fonte: Elaborado pelo autor com base no Google Acadêmico.

---

3   https://scholar.google.com.br/scholar?start=10&hl=pt-BR&as_sdt=2005&sciodt=0,5&as_ylo=1985&as_yhi=1995&as_vis=1&cites=1218648740147267424&scipsc=min – acessado em 17 de outubro de 2019, 17 de outubro de 2019. Gera, efetivamente, 18 resultados, sem considerar patentes ou citações. Porém, Alvesson e Willmott (1992) aparece duplicado.

A tabela a seguir mostra que Gabriel (1995) e Phillips (1995) têm a narrativa de ficção como seu tema de interesse, um campo de estudos que começava a ser estendido na Administração e nos Estudos Organizacionais. A tabela também aponta que outros dois artigos se relacionaram com Jermier (1985) para discutir paradigmas (multi e pós-modernos) na Administração e nos Estudos Organizacionais, que era um chavão na época, sendo constatado que Jermier (1985) foi de grande interesse do campo de Critical Management Studies - CMS (também conhecido como Estudos Críticos da Administração – ECA). Assim, notou com interesse que, naquele tempo, a Cultura Organizacional estava lutando para ir além de usar a "cultura" como uma "variável" (Smircich e Calás, 1987). Consulte a tabela abaixo para outros tópicos de menor interesse para os textos/enunciados sobre Jermier (1985).

TÓPICO DE INTERESSE	AUTOR(ES)	ANO	TÍTULO
Narrativa de ficção / Teoria literária	Gabriel	1995	The unmanaged organization: Stories, fantasies and subjectivity
	Packwood	1994	Voice and Narrative: Realities, Reasoning and Research Through Metaphor
	Wendt	1995	Women in positions of service: The politicized body
	Phillips	1995	Telling organizational tales: On the role of narrative fiction in the study of organizations
Cultura Organizacional	Martin	1992	Cultures in organizations: Three perspectives
	Frost et al.	1991	Reframing organizational culture
	Siehl; Martin	1989	Organizational culture: A key to financial performance?
CMS/ECA	Alvesson; Willmott	1992	On the idea of emancipation in management and organization studies
	Prasad; Prasad	1993	Reconceptualizing alienation in management inquiry: Critical organizational scholarship and workplace empowerment
	Grimes	1992	Critical theory and organizational sciences: a primer

	Gioia; Pitre	1990	Multiparadigm perspectives on theory building
Paradigma	Jenner	1994	Changing patterns of power, chaotic dynamics and the emergence of a post-modern organizational paradigm
Comunicação Organizacional	Allen et al.	1993	A decade of organizational communication research: Journal articles 1980-1991
Administração e Estudos Organizacionais	Frost; Stablein	1992	Doing Exemplary Research
Liderança	Hunt et al.	1988	Emerging leadership vistas
Filosofia	Travers	1989	Shelf-life zero: a classic postmodernist paper

Tabela 4: Ensaios que citaram Jermier (1985) de 1985 a 1995.
Fonte: Elaborado pelo(a) estudante viajante com base no Google Acadêmico.

Ainda com relação à tabela anterior, o(a) estudante viajante procurou traçar os estudos que se relacionaram a Jermier (1985) para pensar o campo de narrativa de ficção. Portanto, analisou as investigações desenvolvidas por Gabriel (1995) e Phillips (1995).

Gabriel (1995) começa seu trabalho revisitando o conceito de "controle" nos Estudos Críticos da Administração e na Cultura Organizacional. Para o autor, os dois campos de pesquisa assumiram, na época, uma perspectiva gerencial das organizações, que tinha como foco a dicotomia controle e resistência ao controle. Para superar tal binarismo, desenvolveu seu estudo em um terreno organizacional que chamou de *organização não gerenciada*. Para ele, a fantasia não se refere à conformidade nem à rebelião, mas a uma aceitação e repaginação material e semiótica de eventos e histórias organizacionais assumidas como oficiais. Gabriel (1995) cita Jermier (1985) para abordar o uso do "sonho" na literatura. Inicialmente, ele se refere ao trabalho de Jermier (1985) para confirmar seu discurso, ou seja, o poder do sonho como uma ferramenta para desvendar aspectos da subjetividade humana no contexto da prática organizacional. Para Gabriel (1995), os sonhos podem e devem, portanto, tornar-se histórias como práticas sociais públicas e materiais que têm o poder de ser usadas por outras declarações. Novas afirmações, por sua vez, tentam acrescentar outras modalidades às histórias, que só então podem ser vistas como possibilidades, objetividades ou mentiras. Foi assim que Gabriel (1995) se voltou para Jermier (1985) e outros para produzir o conceito de fantasia — por meio da transformação do evento em histórias — para fugir da prática do controle organizacional e reconstituir a subjetividade.

Phillips (1995) também parte de uma dicotomia: fato e ficção. Para ele, a prática da pesquisa tem a capacidade de unir essas duas ideias que as normas sociais separam. Para Phillips (1985), a ficção permite a discussão de humor, raiva, estética e medos que, muitas vezes, regem e estão presentes nas organizações. Portanto, o artigo procura criar esse espaço chamado de narrativa de ficção — como ferramenta de ensino, fonte de dados e um método — na Administração e nos Estudos Organizacionais, incluindo pesquisadores que não se encaixavam nos quadrantes paradigmáticos disponíveis à época. Phillips (1995) citou Jermier (1985), na discussão da ficção como método, como uma publicação exemplar. Assim, Phillips (1995) conseguiu afirmar seu próprio discurso e, por outro lado, estender a ficção narrativa na Administração e Estudos Organizacionais como um caminho para a atividade do conhecimento.

1996-2006

A Figura 12 representa os textos que produziram enunciados sobre Jermier (1985) de 1996 a 2006. Nesse período, o Google Acadêmico forneceu 38 resultados, sendo 10 capítulos de livros, 3 teses e 25 periódicos[4]. No entanto, um artigo (Taylor, 2000) é repetido. Em duas teses (Lines, 2005; Muldoon, 2003), Jermier (1985) aparece apenas em Referências e não em texto. Não foi possível acessar dois livros/capítulos (Phillips e Hardy, 2002; Alvesson e Deetz, 2000). Também não foram analisados dois artigos que produziram enunciados sobre Jermier (1985), mas não tiveram citação. Trinta e um textos contendo enunciados sobre Jermier (1985) foram analisados. Diferentemente

---

4 https://scholar.google.com.br/scholar?as_vis=1&hl=pt-BR&as_sdt=2005&sciodt=1,5&as_ylo=1996&as_yhi=2006&cites=1218648740147267424&scipsc= – acessado em 21 de outubro de 2019, 19hrs35min. Ele gera 38 resultados sem considerar patentes nem citações.

do primeiro período examinado, quatro textos negam o caminho teórico proposto por Jermier (1985). Outros 19 textos referem-se a ele para afirmar suas próprias declarações. No que diz respeito às modalidades deônticas, oito remetem-se ao referido autor a fim de confirmar/estender esse caminho para a atividade do conhecimento e/ou para produzir outros caminhos alternativos para o exercício da sapiência.

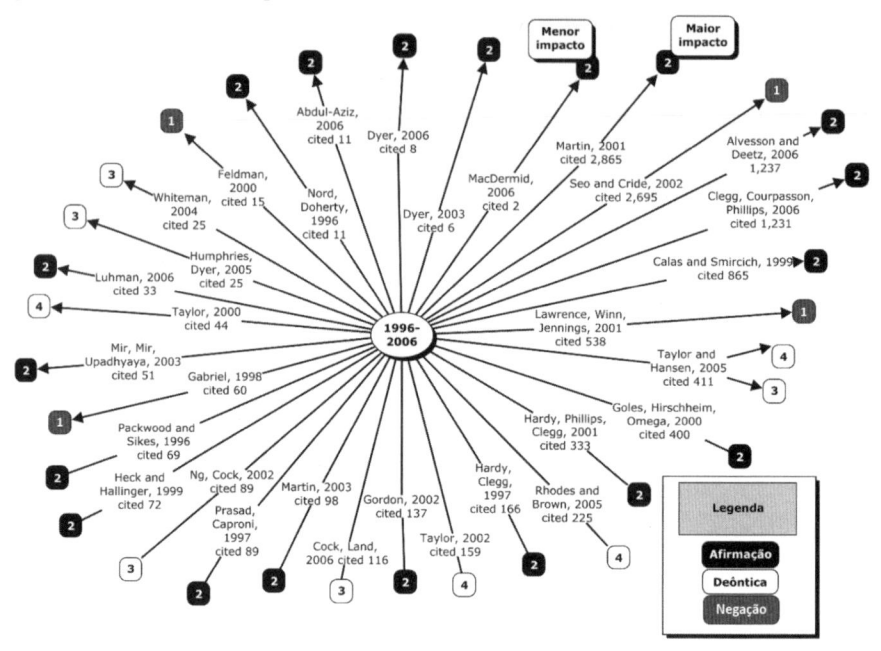

Figura 12: Ensaios que citaram Jermier (1985) de 1996 a 2006.
Fonte: Elaborado pelo primeiro autor com base no Google Acadêmico.

Ao organizar uma nova tabela, o(a) estudante viajante percebeu que os artigos em desacordo com Jermier (1985) originam-se da teoria do caos (Gabriel, 1998), ética nos negócios (Feldman, 2000) e teoria institucional (Lawrence et al., 2001; Seo e Creed, 2002). A maioria dos 19 trabalhos que citam Jermier (1985) para afirmar declarações próprias têm CMS/ECA e liderança como tópicos de interesse. Semelhantemente ao último período analisado (1985–1995), todos os ensaios (8) que produziram enunciados deônticos sobre as asserções de Jermier (1985) têm a ficção como tópico de interesse.

Jermier (1985) era de grande importância para a teoria literária na Administração e nos Estudos Organizacionais. Por outro lado, o interesse da Cultura Organizacional e dos estudos paradigmáticos na referida obra diminuiu. As vozes pós-paradigmáticas se multiplicaram, a exemplo da teoria feminista, teoria ator-rede, entendimentos pós-coloniais e reflexões sobre campos de pesquisa. Textos sobre narrativa de ficção citando Jermier (1985) passam a dialogar com estética, teatro, novas teorias da administração e literatura. Com isso, Poder nas organizações, Actor-network theory – ANT e Ética nos negócios passam a se interessar pelo assunto.

TÓPICO DE INTERESSE	AUTOR(ES)	ANO	TÍTULO
CMS/ECA	M Alvesson, S Deetz	2006	Critical theory and postmodernism approaches to organizational studies
	J Martin	2003	Feminist theory and critical theory. Unexplored synergies
	S Dyer	2006	Critical reflections: Making sense of career
	S Dyer	2003	Government, public relations, and lobby groups: Stimulating critical reflections on information providers in society
	G MacDermid	2006	Making sense of temporal organizational boundary control
	R A Mir, A Mir, P Upadhyaya	2003	Toward a postcolonial reading of organizational control
	WR Nord EM Doherty	1996	Towards an assertion perspective for empowerment Blending employee rights and labor process theories
	A Packwood, P Sikes	1996	Adopting a postmodern approach to research
	P Prasad, PJ Caproni	1997	Critical theory in the management classroom: Engaging power, ideology, and praxis
	MB Calas, L Smircich	1999	Past postmodernism? Reflections and tentative directions
	C Hardy, S Clegg	1997	Relativity without relativism: reflexivity in post-paradigm organization studies

Narrativa de ficção / Teoria literária	SS Taylor, H Hansen	2005	Finding Form: Looking at the Field of Organizational Aesthetics
	MT Humphries, S Dyer	2005	Introducing critical theory to the management classroom: An exercise building on Jermier's "Life of Mike"
	G Whiteman	2004	Why are we talking inside? Reflecting on traditional ecological knowledge (TEK) and management research
	SS Taylor	2002	Overcoming aesthetic muteness: Researching organizational members' aesthetic
	SS Taylor	2000	Aesthetic knowledge in academia: Capitalist pigs at the academy of management
	C De Cock, C Land	2006	Organization/literature: Exploring the seam
	W Ng, CD Cock	2002	Battle in the boardroom: A discursive perspective
	C Rhodes, AD Brown	2005	Writing responsibly: Narrative fiction and organization studies
Liderança	R Heck, P Hallinger	1999	Conceptual models, methodology, and methods for study school leadership
	RD Gordon	2002	Conceptualizing leadership with respect to its historical-contextual antecedents to power
Teoria institucional	TB Lawrence, MI Winn, PD Jennings	2001	The temporal dynamics of institutionalization
	MG Seo, WED Creed	2002	Institutional contradictions, praxis, and institutional change: A dialecticalperspective

Administração e Estudos Organizacionais	AR Abdul-Aziz	2006	Privatisation of fixed-rail transit systems: a case study of Malaysia's STAR and PUTRA
Democracia Organizacional	JT Luhman	2006	Theoretical postulations on organization democracy
Cultura Organizacional	J Martin	2001	Organizational culture: Mapping the terrain
Ética nos negócios	SP Feldman	2000	Management ethics without the past: rationalism and individualism in critical organization theory
Paradigma	T Goles, R Hirschheim	2000	The paradigm is dead, the paradigm is dead... long live the paradigm: the legacy of Burrell and Morgan
Teoria do Caos	Y Gabriel	1998	The hubris of management
Teoria ator-rede (TAR)	C Hardy, N Phillips, S Clegg	2001	Reflexivity in organization and management theory: A study of the production of the researchsubject´
Poder	SR Clegg, D Courpasson, N Phillips	2006	Power and organizations

Tabela 5: Textos que citaram Jermier (1985) de 1996 a 2006.
Fonte: Elaborado pelo(a) estudante viajante com base no Google Acadêmico.

Lawrence, Winn e Jennings (2001) discutem o tempo e o processo de institucionalização. Ao discutir o "tempo", eles negam o caminho para o conhecimento oferecido por Jermier (1985). A "consciência falsa" foi deixada de lado para se concentrar exclusivamente na descrição de "formas de poder" que permitissem a prática da institucionalização. Como resultado, os autores puderam sustentar que o processo de institucionalização é construído "por meio de sistemas de práticas organizadas de rotina que não exigem ação ou escolha por parte dos alvos" (p. 637, tradução nossa).

Igualmente a partir da teoria institucional, Seo e Creed (2002) consideram que a abordagem empregada por Jermier (1985), que usa um ponto analítico de vista marxista, não é apropriada, pois deixa em aberto o problema do dualismo entre agência e estrutura. Para esses autores, a perspectiva dialética de Benson (1997) é melhor para a sua análise institucional, visto que integra os autores clássicos do Marxismo Dialético com os fenomenológicos.

Autores do CMS também criticaram Jermier (1985) e outros trabalhos relacionados. Para Gabriel (1998), é preciso não assumir o "controle" como um conceito que guia a pesquisa, de acordo com Jermier (1985). Ele se nega a descrever indivíduos, grupos, organizações e sociedades como elementos supercontrolados e aponta um caminho alternativo, o qual sugere que "a realidade social implica uma imprevisibilidade vital que mina seriamente a possibilidade de planejamento e controle" (Gabriel, 1998, p. 6, tradução nossa).

Essa possibilidade também passa pelo trabalho desenvolvido anteriormente por Gabriel (1995) sobre o mundo dos sonhos organizacionais, que — discutido no período de 1985 a 1995 — oferece um possível contraponto ao conceito interno do controle organizacional, com destaque "as qualidades complexas, imprevisíveis e até caóticas de muitas organizações contemporâneas" (1998, p. 7, tradução nossa). Similarmente, Feldman (2002) lamenta o fato de que "os teóricos críticos da organização desconfiam e desconfiam do passado". Por outro lado, a atitude deles em relação ao futuro é de esperança para liberdade e progresso. A principal suposição que eles fazem é que "o mundo é socialmente construído e pode ser refeito" (Jermier 1985, p. 75) (p. 631, tradução nossa).

Por outro lado, oito ensaios partem de Jermier (1985) para estender esse caminho para o conhecimento ou produzir novas trilhas. Eles foram publicados pelos periódicos Organization Studies (Cock and Land, 2006), Journal of Management Studies (Ng e Cock, 2002; Taylor e Hansen, 2005), JME (Humphries e Dyer, 2005), Journal of Management Inquiry (Taylor, 2000; Whiteman, 2004), Organization (Rhodes e Brown, 2005) e Human Relations (Taylor, 2002). Dos oito trabalhos apontados, quatro se concentram exclusivamente na necessidade de desenvolver a noção de narrativa de ficção. Exemplificando, Whiteman (2004) cita Jermier (1985) e outros para reconhecer que o uso da ficção por pesquisadores organizacionais ainda é tímido, mas em processo de consolidação. Em consonância com Jermier

(1985) e teóricos, ela desenvolveu uma narrativa de semificção para introduzir o conhecimento ecológico tradicional (TEK) como um caminho para o conhecimento organizacional. Já Humphries e Dyer (2005) partem de Jermier (1985) e outros para desenvolver um exercício que permite professores problematizarem, em sala de aula, com estudantes de administração, o fato de que as escolas de negócios muitas vezes criam mão de obra dócil e barata, reproduzindo a ideologia da classe dominante — a exemplo da ideia de meritocracia.

Os outros dois trabalhos concentram-se na narrativa e na história. Ng e Cock (2002) reconhecem, em relação com Jermier (1985) e outros, a crescente existência de ensaios em que uma história ocupa o centro da narrativa. Ng e Cock (2002) usam storytelling (narração de histórias) para analisar o papel seminal do discurso na produção e nos resultados da gestão organizacional. Alguns anos mais tarde, Cock e Land (2006) citam Jermier (1985) para afirmar a necessidade de que se reconheça a literatura como um elemento intangível que leva a pensar e provocar outros. Ambos os trabalhos – ponderou o(a) estudante viajante – ampliam, assim, a visão da literatura incluída no campo de narrativa de ficção na Administração.

Também existem ensaios partindo de Jermier (1985) para produzir novas trilhas. Entre estes textos, Steve Taylor, em 2000, começa empiricamente a entender que a ficção na Administração e nos Estudos Organizacionais é uma possibilidade mais ampla do que Jermier (1985) e todo o campo presume. A partir de Jermier (1985), Taylor (2000) justifica o uso da "ficção" para falar de "teoria", reconhecendo a possibilidade de "dar um passo além [de Jermier (1985)] para apresentar a ficção pura na forma de uma peça de teatro, como uma tentativa de teorização estética" (p. 304, tradução nossa).

Dois anos depois, Taylor (2002) concentrou seus escritos na compreensão prática e teórica da dificuldade de se falar sobre estética organizacional. Para o autor, a "mudez estética" é causada pela ideia de que uma organização deve evitar controvérsias e focar na eficiência, o que limita a compreensão da experiência estética. Taylor (2002, p 838, tradução nossa) cita Jermier (1985) para apontar a seguinte possibilidade: "Superar a mudez estética tornará legítimo ter conversas sobre como é estar em uma organização. Isso nos permitirá aproveitar todo o nosso leque de compreensão e razão como seres humanos, em vez de apenas nossa compreensão e entendimento racional/cognitivo/intelectual."

Já no entendimento de Taylor e Hansen (2005), a Administração e os Estudos Organizacionais começaram, recentemente, a deixar de lado aspectos gerenciais (por exemplo, eficiência/eficácia), para enfatizar questões morais/éticas, sendo Jermier (1985) exemplar nessa prática. Os autores mapeiam "possíveis" áreas de concentração da estética organizacional, oferecendo diretrizes para que pesquisadores interessados neste campo do conhecimento administrativo e organizacional direcionem seus esforços.

Outra possibilidade também foi pensada por Rhodes e Brown (2005). A partir de Jermier (1985), os autores desafiam as noções científicas de neutralidade e validade, sugerindo que reflexividade e pragmatismo são respostas ao reconhecimento do caráter fictício (não factual) da escrita. No entanto, Rhodes e Brown (2005) acrescentam que a posição ética do pesquisador em relação aos resultados da investigação também deve ser considerada.

2007-2019

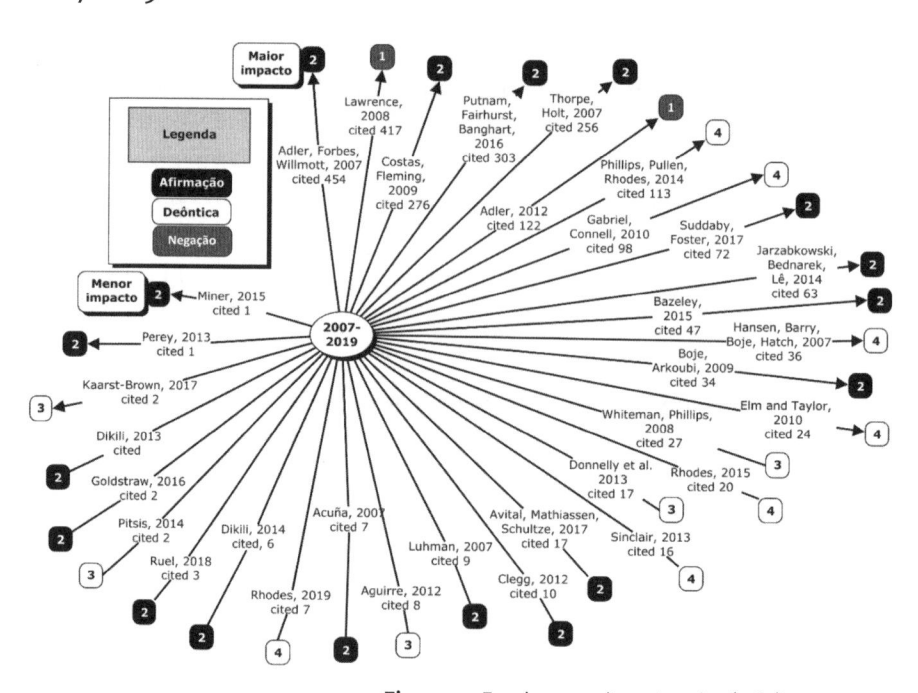

Figura 13: Ensaios que citam Jermier (1985) 2007-2019.
Fonte: Elaborado pelo(a) estudante viajante com base no Google Acadêmico.

Por fim, a Figura 13 apresenta os trabalhos publicados entre 2007 e 2019 que citam Jermier (1985). Para esse período, o Google Acadêmico fornece 45 resultados, dos quais 14 são livros/capítulos, 26 são artigos e 5, teses[5]. Desses, 13 foram excluídos pelos motivos informados a seguir: Nenhuma menção a Jermier (1985) foi encontrada em um livro/capítulo (Alvesson e Willmott, 2012); Não foi possível acessar quatro livros/capítulos (Fink e Barr, 2017; Mars, 2019; Danylchuk, 2017; Clegg e Baumeler, 2014); Três artigos têm datas diferentes, mas possuem conteúdo de conhecimento semelhante (Costas e Fleming, 2007; Dikili, 2014; Hansen e Taylor, 2017); Um artigo não pôde ser acessado (Aguirre, 2008); Um texto era uma chamada para artigos sobre gêneros alternativos, cujos autores publicaram um artigo alguns anos depois com o mesmo tema que apareceu no radar da pesquisa (Avital, Mathiassen e Schultze, 2014); Três textos não foram localizados (Greckhamer, 2017; Hassard e Parker, 2016; Humphries, Dyer e Fitzgibbons, 2007). Dos 32 textos analisados, dois resultados negam o caminho teórico proposto por Jermier (1985) (Lawrence, 2008; Adler, 2012), 18 referem-se a ele para afirmar declarações próprias, 5 artigos citam Jermier (1985) para confirmar e/ou estender esse caminho para a atividade do conhecimento (Aguirre, 2012; Donnelly, Gabriel, Özkazanç-Pan and Kara, 2013; Kaarst- Brown, 2017; Pitsis, 2014; Whiteman and Phillips, 2008) e sete para produzir novos caminhos à atividade do conhecimento (Elm e Taylor, 2010; Gabriel e Connell, 2010; Hansen, Barry e Boje, 2007; Phillips, Pullen e Rhodes , 2014; Rhodes, 2015; 2019; Sinclair, 2013).

A tabela a seguir permitiu que o(a) estudante viajante entendesse que os artigos em desacordo com Jermier (1985) têm burocracia (Adler, 2012) e teoria institucional (Lawrence, 2008) como tópicos de relevância. São 18 artigos com diferentes temas de interesse — CMS (10); Pesquisa em gestão (2); Pesquisa em sistemas de informação (1); Cultura organizacional (1); Sociologia das organizações (1); Comportamento organizacional (1); Estratégia (1) e Mudança Organizacional (1) — que citam Jermier (1985) para afirmar declarações próprias. Como nos dois últimos períodos analisados, todos os ensaios (12) que produziram enunciados deônticos sobre as proposições de Jermier (1985) têm como tema a narrativa de ficção.

---

5   https://scholar.google.com.br/scholar?hl=pt-BR&as_sdt=2005&sciodt=1%2C5&as_ vis=1&cites =1218648740147267424&scipsc=&as_ylo=2007&as_yhi=2019%20-%20 C41 – acessado em 28 de outubro de 2019, 17hrs17min. Ele fornece 52 resultados, dos quais 7 são repetidos.

TÓPICO DE INTERESSE:	AUTOR(ES)	ANO	TÍTULO
Narrativa de ficção / Teoria literária	M Phillips, A Pullen, C Rhodes	2014	Writing organization as gendered practice: Interrupting the libidinal economy
	Y Gabriel, NAD Connell	2010	Co-creating stories: Collaborative experiments in storytelling
	H Hansen, D Barry, DM Boje, MJ Hatch	2007	Truth or consequences: An improvised collective story construction
	DR Elm, SS Taylor	2010	Representing wholeness: Learning via theatrical productions
	G Whiteman, N Phillips	2008	The role of narrative fiction and semi-fiction in organizational studies
	C Rhodes	2015	Writing organization/romancing fictocriticism
	Kara, H.	2013	It's hard to tell how research feels: Using fiction to enhance academic research and writing.
	A Sinclair	2013	A material dean
	EA Aguirre	2012	Management Flexible y Toxicidad Organizacional: Socio-análisis de una novela chilena
	C Rhodes	2019	Sense-ational organization theory! Practices of democratic scriptology
	A Pitsis	2014	The Poetic Organization
	ML Kaarst-Brown	2017	Once upon a time: Crafting allegories to analyze and share the cultural complexity of strategic alignment

CMS/ECA	Adler, Forbes, Willmott	2007	Critical management studies
	J Costas, P Fleming	2009	Beyond dis-identification: A discursive approach to self-alienation in contemporary organizations
	LL Putnam, GT Fairhurst, S Banghart	2016	Contradictions, dialectics, and paradoxes in organizations: A constitutive approach
	D Boje, K Al Arkoubi	2009	Critical management education beyond the siege
	JT Luhman	2007	Worker-ownership as an instrument for solidarity and social change
	A Dikili	2014	Örgütlerde Güç Kavramı: Eleştirel Yönetim Çalışmaları İle Kaynak Bağımlılığı Yaklaşımı'nın Bakışlarına Dair Karşılaştırmalı Bir Analiz
	S Ruel	2018	Multiplicity of "I's" in intersectionality: Women's exclusion from STEM management in the Canadian space industry
	Goldstraw, K.	2016	Operationalising love within austerity: an analysis of the opportunities and challenges experienced by the voluntary and community sector in Greater Manchester under the coalition government (2010-2015)
	R Perey	2013	Ecological imaginaries: Organising sustainability
	A Dikili	2013	Eleştirel Yönetim Çalışmaları Ana Akım Yönetim Çalışmalarının Yönünü Değiştirebilir Mi?
Pesquisa em Administração	R Thorpe, R Holt	2007	The Sage dictionary of qualitative management research
	P Bazeley	2015	Mixed methods in management research: Implications for the field

Teoria Institucional	TB Lawrence	2008	Power, Institutions and Organizations
Pesquisa em Sistemas de Administração	M Avital, L Mathiassen, U Schultze	2017	Alternative genres in information systems research
Cultura Organizacional	A Acuña	2007	Historias de trabajadores chilenos: símbolos y significados culturales.
Sociologia das Organizações	S Clegg	2012	Sociology of organizations
Comportamento Organizacional	JB Miner	2015	The conduct of research and the development of knowledge
Pesquisa em Estratégia e Organizações	P Jarzabkowski, R Bednarek, JK Lê	2014	Producing persuasive findings: Demystifying ethnographic textwork in strategy and organization research
Mudança Organizacional	R Suddaby, WM Foster	2017	History and organizational change
Burocracia	PS Adler	2012	Perspective—the sociological ambivalence of bureaucracy: from Weber via Gouldner to Marx

Tabela 6: Ensaios que citam Jermier (1985) de 2007 a 2019.
Fonte: Elaborado pelo(a) estudante viajante com base no Google Acadêmico.

Adler (2012, p. 249, tradução nossa) considera forçada a interpretação de Jermier (1985), pois "ela não faz justiça às vozes dos trabalhadores [...]. A priori, decreta como iludida qualquer avaliação positiva da burocracia por parte dos trabalhadores". Em vez disso, esse autor utiliza da ideia de "ambivalência" para observar e descrever trabalhadores. Já Lawrence (2008, p. 193, tradução nossa) contorna a ideia de "falsa consciência" contida em Jermier (1985) para afirmar seu interesse em uma categoria mais geral, a qual inclui "formas de poder que apoiam o controle institucional por meio de sistemas que restringem o leque de opções disponíveis aos atores (Lawrence et al., 2001)".

Na direção oposta, 12 ensaios estendem Jermier (1985). De 2007 a 2019, além de OS, JMS, JME, JMI e ORG, as enunciações deônticas sobre Jermier (1985) foram publicadas em Management Learning (Gabriel e Connell, 2010; Rhodes, 2019), Culture and Organization (Rhodes, 2015), Research in Organizations and Management (Donelly et al., 2013), Leadership (Sinclair, 2013), Praxis (Aguirre, 2012), European Journal of Information Systems (Kaarst-Brown, 2017). Esse fato evidencia um interesse crescente de diferentes periódicos e temas de relevância na ficção na Administração e Estudos Organizacionais.

Dos 12 ensaios, cinco se concentram exclusivamente na necessidade de desenvolver a noção de narrativa de ficção. Whiteman e Phillips (2008) reconhecem que ainda é difícil encontrar textos acadêmicos integrando (semi)ficção e administração, apresentando Jermier (1985), Whiteman (2004), e Taylor (2000) como exceções. A partir de Jermier (1985), Donnelly et al. (2013) descrevem que a ficção permite gerenciar aspectos e elementos difíceis de se ordenar na prática da pesquisa acadêmica, como as emoções dos interlocutores da pesquisa. Já Aguirre (2012), em relação com Jermier (1985), analisa uma telenovela chilena para versar sobre flexibilidade gerencial. Pitsis (2014) também desenvolve a noção de narrativa de ficção na administração a partir da ideia de organização poética. A autora parte de Jermier (1985) para afirmar que a escrita acadêmica precisa assumir um formato experimental, como o proposto por ela, no qual a organização é entendida como uma série de textos. Por fim, Kaarst-Brown (2017) produz uma alegoria para interpretar a complexidade cultural inerente à prática responsável por gerar alinhamento estratégico. Ela procura gerar credibilidade citando Jermier (1985), que usou a imaginação e diferentes gêneros literários para produzir textos acadêmicos. Assim, ela estende o caminho do conhecimento inscrito em Jermier (1985) ao campo de Administração e Sistemas de Informação.

Existem também textos que partem de Jermier (1985) para produzir novas trilhas. Phillips, Pullen e Rhodes (2014), ao falarem sobre como realizar pesquisas multigêneros como forma de conhecimento organizacional, referem-se à Jermier (1985) para afirmar que esses relatórios podem ser produzidos por meio da narrativa de ficção. Um ano depois, Rhodes (2015) aponta que Jermier (1985) representa um divisor de águas para o campo, pois permitiu o desenvolvimento de novos estudos de gêneros literários emergentes sobre organizações. Com base na ideia de fictocriticism, Rhodes (2015) analisa possíveis narrativas e expressões para escrever sobre organizações que envolvem diferentes gêneros para conectar o pesquisador à investigação. Algum tempo depois, Rhodes (2019) investigou os significados modernos de escrever sobre organizações hoje, usando Jermier (1985) e outros para perguntar: o que pode ser escrito na Administração e Estudos Organizacionais? Rhodes (2019), em seguida, volta-se novamente às declarações de Jermier (1985) e de vários outros autores para mostrar que o campo quebrou as regras sobre a escrita acadêmica como uma maneira de representar resultados confiáveis, de maneira neutra.

Já Sinclair (2013) usa Jermier (1985) para confirmar seu discurso sobre narrativa criativa, que é a noção usada para criar um caminho para o conhecimento organizacional que envolve igualmente diferentes modos de escrita — a narrativa de ficção para expor o primeiro dia de uma nova diretora escolar e a construção do discurso de posse dela. Com base nessa estratégia de pesquisa, Sinclair (2013) destacou a materialidade da escrita e da prática organizacional. Hansen et al. (2007), a partir do exemplo de Jermier (1985) e outros, produzem uma forma emergente e pioneira de construção do conhecimento, em que a improvisação foi analisada por meio de uma narrativa espontânea desenvolvida em grupo. Três anos mais tarde, Gabriel e Connell (2010) partem de Jermier (1985) para alegar que a narrativa de ficção na administração não é algo exatamente novo, sugerindo a criação colaborativa de histórias, então, como uma prática legítima, em que o jogo Renga aparece como uma possível caminho para o conhecimento organizacional intelectual e estético.

Alternativamente, Elm e Taylor (2010) partem de Jermier (1985) para reconhecer a existência de esforços que integram o conhecimento intelectual e estético. Todavia, afirmam que esses estudos não são a maioria para apontar que o uso do teatro, que integra conhecimento estético e intelectual, torna imaginável o aprendizado organizacional e reflexivo.

1985-2019: DISCUSSÃO

Dos 99 textos analisados, cerca de 6% do total tentou negar, de alguma forma, o caminho teórico proposto por Jermier (1985). "Pronto!", pensou o(a) estudante viajante, "Já tenho como explicar em vez de naturalizar a importância do artigo. Jermier (1985) é importante para diferentes campos organizacionais, exceto para a teoria institucional, a história organizacional, a burocracia e parte dos CMS". A maioria das operações executadas por artigos posteriores afirmam e estendem suas declarações. "Ainda assim, preciso descrever para a turma como certas concepções de ficção foram abordadas pela administração a partir de Jermier (1985)", cogitou o estudante(a). Para isso, ele elaborou a figura disposta a seguir:

Phillips: Narrativa de ficção como dado, Pedagogia, método e *ambience*.

Gabriel: Organizações são complexas, caóticas e imprevisíveis.

Lawrence: Foco não na dominação do humano, mas nos sistemas que dão suporte ao processo de institucionalização.

1995 — 1998 — 2000 — 2001 — 2002

Gabriel: Usa a fantasia como modo de existência organizacional.

Taylor: Apresenta uma peça de teatro para teorizar esteticamente.

Feldman: As construções dos CMS/ECA evitam o passado.

Seo e Creed: Assumem outra perspectiva dialética para a análise institucional.

Taylor: Postula a ideia de 'aesthetic muteness' para promover a experiência estética.

Whiteman: Desenvolve uma narrativa de ficção para expor uma teoria organizacional.

Rhodes e Brown: Exploram questões de responsabilidade na escrita da pesquisa sobre narrativa de ficção.

Cook e Land: Descrevem a teoria literária como um objeto que é constantemente produzido pela pesquisa organizacional.

2002 — 2004 — 2005 — 2006

Ng e Cock: Postulam histórias corporativas como práticas produtivas.

Taylor e Hansen: Mapeiam áreas de concentração e pressupostos da estética organizacional.

Humphries e Dyer: Usam Jermier (1985) como base para um exercício que introduz estudos críticos para estudantes de administração.

Whiteman e Phillips: Introduzem a ideia de narrativa de (semi)ficção.

Gabriel e Connell: Escrita colaborativa via *Renga*.

Adler: Burocracia como prática produtiva.

Kara: Narrativa de ficção, na Administração, para explorar emoções.

2007 — 2008 — 2010 — 2012 — 2013

Hansen et al.: Constroem uma escrita colaborativa.

Lawrence: Teoria institucional apresenta uma ideia alternativa de dominação.

Elm e Taylor: Teatro como uma forma intelectual e descritiva de conhecimento.

Aguirre: Análise social de uma novela.

Sinclair: Modos híbridos de escrita ficcional.

Phillips et al.: Pesquisa organizacional multigênero.

Rhodes: 'Fictocriticism'.

Rhodes: 'Scriptology' como escrita e conhecimento.

2014 — 2015 — 2017 — 2019 — 2020

Pitsis: Organização poética como uma série de textos.

Kaarst-Brown: Alegoria para interpretar a complexidade da cultura organizacional.

????: ... .

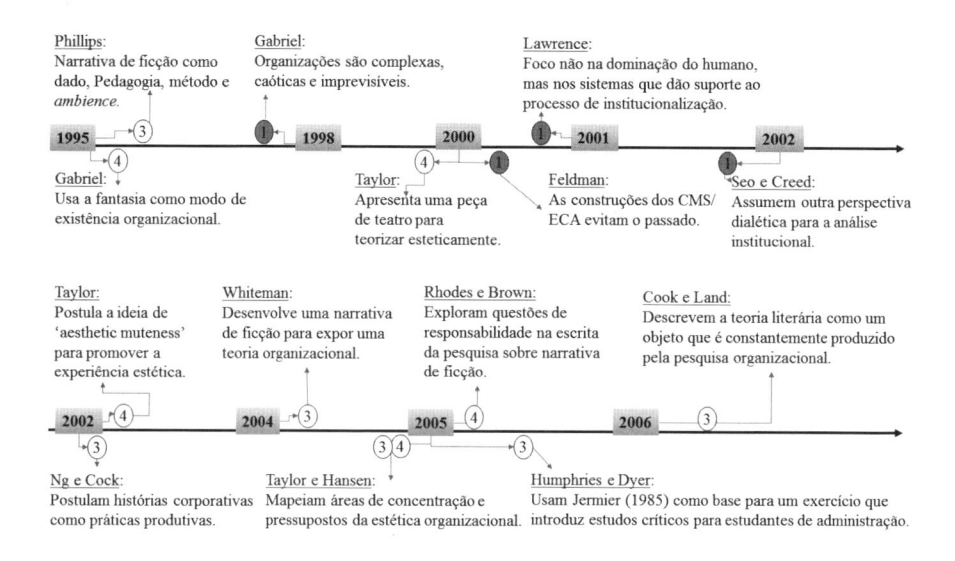

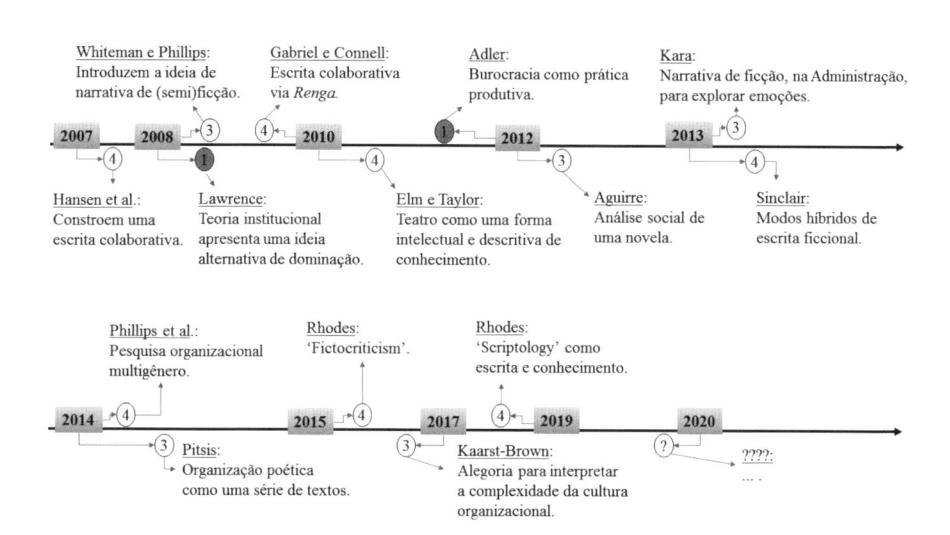

Figura 14: Asserções sobre os enunciados de Jermier (1985): 1985 a 2019.
Fonte: Elaborado pelo(a) estudante viajante com base no Google Acadêmico.

Especificamente, a imagem anterior foi construída sobre os textos que negam e estendem Jermier (1985), de 1985 a 2019, evidenciando:

- a negação do conteúdo de Jermier (1985), que aponta para possíveis questões intrigantes e controversas na Administração;
- a "necessidade" de investigar a narrativa de ficção na Administração;
- novas "possibilidades" para a narrativa de ficção na Administração.

A análise crítica de Jermier (1985) observada pelo estudante viajante aponta para a construção de uma agenda polissêmica de usos e de interpretações da narrativa de ficção na administração. Tais usos e interpretações foram se transformado empiricamente e metodologicamente ao longo do tempo.

De 1985 a 1995, na virada simbólica (Frost, 1985; Hunt, 1985), foi desenvolvida uma compreensão dos usos da narrativa de ficção na Administração (Phillips, 1995). Nessa esteira, dicotomias persistentes nos estudos organizacionais foram quebradas, a exemplo de 'controle e resistência ao controle' (Gabriel, 1995) e de 'fato e ficção' (Phillips, 1995). Depois disso, de 1996 a 2006, dentro da ideia de que a Administração e os Estudos Organizacionais são uma série de conversas entre múltiplas questões interligadas (Clegg et al., 2006), estética organizacional, teatro, narração de histórias, teoria institucional, teoria do caos, democracia organizacional, ANT e estudos de ética nos negócios produziram proposições sobre os enunciados de Jermier (1985).

Ainda com relação aos temas de interesse, de 1996 a 2006, aumentou o interesse dos CMS e da narrativa de ficção em Jermier (1985). Atualmente (2007 a 2019), há um novo movimento que começou a refletir sobre os aspectos estruturais e constituintes desse campo de pesquisa, que clamam pela "necessidade" da afirmação de ficção e semificção na Administração e nos Estudos Organizacionais (Whiteman e Phillips, 1998). Novas possibilidades surgiram, como escrita colaborativa e estilos híbridos de escrita, que se ligam mais intensamente com a ideia de que as organizações são construções materiais e semióticas (Latour et al., 1997, Law, 1994). Além disso, novos gêneros e noções literárias foram propostos para pensar a pesquisa e a teoria organizacional a partir de uma perspectiva pós-moderna em Ciências Sociais.

Esse movimento de incorporar certas perspectivas sobre narrativa de ficção pela Administração, no entanto, não gerou um movimento linear unidirecional e sem retorno. Assim, a não linearidade da produção de fatos científicos é evidenciada, nas relações que, no caso estudado, oferecem alternativas e caminhos, e não necessariamente impossibilidades, para o conhecimento sobre narrativa de ficção na Administração.

Confiante, o(a) estudante viajante refletiu: "Poderei pensar o desenvolvimento da minha pesquisa em relação com a literatura existente sobre narrativa de ficção e Administração". Com o caminho percorrido, o conhecimento adquirido permitiu até mesmo superar o frio na barriga com respeito à necessidade de cumprir com os requisitos da disciplina ministrada por seu orientador.

CONSIDERAÇÕES FINAIS

O(a) estudante viajante analisou Jermier (1985) para a disciplina na University australiana, demonstrando (1) seu uso da literatura anterior para vincular-se a dispositivos literários para (re)apresentar a teoria (marxismo dialético e crítico); e (2) os tipos de usos e interpretações da visão literária contida nela. Com isso, escreveu a revisão da literatura da pesquisa e pensou em formas alternativas de construir sua escrita. Espera-se que leitores possam refletir sobre a necessidade de encontrar um exemplar para o projeto de pesquisa e analisá-lo criticamente.

O(a) estudante viajante utilizou o potencial analítico do Método de Pesquisa de inscrição literária para traçar um caminho alternativo a partir do qual outros(as) estudantes poderão compreender a prática de construção do conhecimento organizacional. Assim, sugere-se que a inscrição literária seja entendida como uma iniciativa frutífera e interessante, embora mediada pela seleção de um determinado texto e limitada às condições objetivas impostas por essa própria escolha. Portanto, as controvérsias em torno do debate travado aqui não estão encerradas. Entretanto, estudos futuros podem utilizar o método de inscrição literária para a análise de outros textos ou contextos de produção de conhecimento científico neste ou em outros campos.

QUESTÕES REFLEXIVAS

Mas, afinal, o que é preciso ter em mente para escrever a revisão da literatura? Reflexivamente, responda às questões a seguir para lembrar de alguns pontos importantes antes de começar a escrever uma revisão da literatura.

- A observação no campo organizacional apontou para quais categorias de análise?

- A partir da observação no campo e das categorias de análise identificadas, foi possível identificar uma pesquisa exemplar para o estudo e para o campo de pesquisa?

- Se sim, já traçou os estudos citados pelo exemplar? Descreveu as citações e os usos feitos do exemplar?

- Com base na descrição dos recursos usados pelo exemplar e de suas citações, pensou em uma estratégia para analisar os dados — como narrativa de história, agrupamento temporal ou geração de gráficos — e escrever a revisão da literatura?

LEITURAS COMPLEMENTARES

Neste capítulo, tratou-se da seguinte problemática: como investigadores podem escrever a revisão de literatura de um projeto de pesquisa de Natureza Qualitativa? Diferentes investigações foram relacionadas no capítulo para tratar desta questão. Contudo, alguns tópicos não puderam ser tratados com maior intensidade, como: a literatura sobre pesquisa qualitativa; métodos clássicos de revisão sistemática da literatura; análise de dados textuais; análise de conteúdo; e, intertextualidade. Assim, a tabela a seguir sumariza algumas sugestões de leituras complementares para pensar sobre a escrita da revisão da literatura.

TEMAS METODOLÓGICOS RELACIONADOS	COMENTÁRIOS	SUGESTÕES DE LEITURA
Literatura sobre Pesquisa Qualitativa na Administração.	Permite pensar a fundamentação de investigações científicas.	Cassell e Sumon, 2004; Mason, 1997; Silverman, 2016.
Revisões literárias.	Pesquisas – teóricas, empíricas – que permitem relacionar o projeto de pesquisa com informações extraídas e agrupadas analiticamente a partir de trabalhos anteriores. extraídas de trabalhos anteriores.	Blaxter, Hughes e Tight, 1996; Burton, 2000; Hart, 1998.

Análise textual.	Visa a revisão da literatura; A análise do conteúdo e da estrutura de textos permite entender a construção destes e dos campos científicos nos quais estão inseridos.	Barthes, 1977; Derrida, 1974; Latour e Woolgar, 1997; McKee, 2003; Rose, 2001a, b e c.
Análise de conteúdo.	Possibilita interpretar o conteúdo dos textos selecionados pela revisão da literatura, considerando a frequência da repetição de palavras (termos, metáforas) – estas assumidas como relevantes para o campo científico.	Jupp, 2006; Rose, 2001a; Ryan e Bernard, 2003.

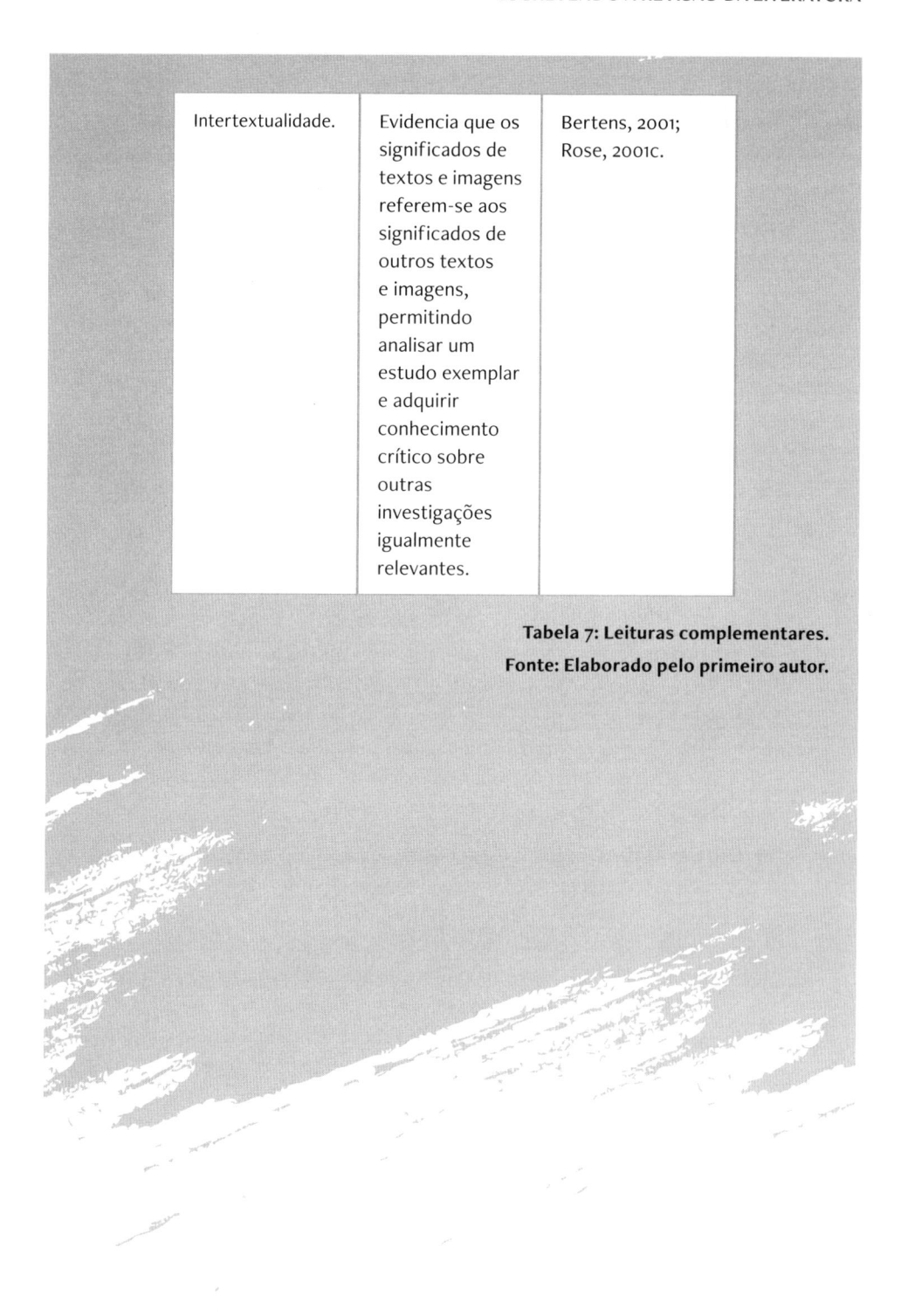

Intertextualidade.	Evidencia que os significados de textos e imagens referem-se aos significados de outros textos e imagens, permitindo analisar um estudo exemplar e adquirir conhecimento crítico sobre outras investigações igualmente relevantes.	Bertens, 2001; Rose, 2001c.

Tabela 7: Leituras complementares.
Fonte: Elaborado pelo primeiro autor.

→ **OBJETIVO:** Apresentar um modo emergente de pensar a coleta e análise de dados nas áreas da Administração, o Método de Pesquisa controvérsias em negociação.

→ **CAMINHO METODOLÓGICO:** O método controvérsias em negociação é uma ferramenta que torna possível a coleta e análise de dados nas áreas da Administração. Controvérsias são os desacordos entre os atores a respeito de uma situação específica que, até então, era assumida como natural e passou a ser questionada. O desacordo leva a uma discussão que inclui diversos pontos de vista distintos e conflitantes que podem ser coletados e analisados.

→ **CAMPO:** Para demonstrar aos(as) leitores(as) como coletar e analisar dados, um estudo de caso desenvolvido em uma organização hospitalar é apresentado. Especificamente, um contrato de prestação de serviços que foi firmado entre uma empresa privada e um hospital universitário público é analisado.

→ **ACHADOS:** O método controvérsias em negociação remete, muitas vezes, ao passado da organização analisada. Logo, são indicados quatro critérios para ajudar na escolha das controvérsias que servirão de ponto de partida para a pesquisa; e também cinco passos, que serão úteis para a análise de controvérsias passadas em associação com a controvérsia analisada.

→ **ORIGINALIDADE:** Demonstra que dados apenas podem ser coletados e analisados depois do início da observação no campo e da escrita da revisão da literatura. Assim, a coleta e análise de dados não é guiada por categorias analíticas de teorias organizacionais, mas pela prática da pesquisa em diálogo com tais teorias. As controvérsias em negociação têm o potencial de apontar para novas categorias analíticas relevantes para o campo de pesquisa, direcionando a contribuição do projeto de pesquisa de Natureza Qualitativa.

→ **PALAVRAS-CHAVE:** Administração; Controvérsias em negociação; Cartografia de controvérsias; Método de Pesquisa; Coleta de dados; Análise de dados.

3

Coletando e analisando dados qualitativos

*Escrito por Bruno Luiz Américo,
César Tureta e Stewart Clegg*

APRENDIZAGEM ESPERADA

Com a leitura deste capítulo, o(a) leitor(a) poderá:

- Retificar a importância de partir da observação no campo, que oferece categorias de análise e aponta para possíveis contribuições teórico-metodológicas do estudo para as áreas da Administração;

- Coletar e analisar dados sem estar subordinado à determinada literatura, mas sim em diálogo com ela;

- Aprender quatro critérios para ajudar na escolha das controvérsias que servem de ponto de partida para a pesquisa, e também cinco passos que são úteis para a análise de controvérsias passadas em associação com a controvérsia analisada;

- Traçar, a partir do Método de Pesquisa controvérsias em negociação, os interlocutores da pesquisa — trabalhadores, planilhas, decretos, máquinas, sistemas, estratégias — que compõem o universo investigado e que podem fornecer dados e categorias de análise

INTRODUÇÃO

Foi ensinado no primeiro capítulo que as categorias de análise fundadas no campo permitem observar aspectos particulares da realidade organizacional e social (Silverman, 2016). No capítulo anterior, a história do(a) estudante viajante demonstrou que pesquisas e publicações exemplares – para o campo de pesquisa e para um campo de estudos da Administração – permitem pensar a escrita da revisão da literatura de projetos de pesquisa de Natureza Qualitativa. Neste capítulo, uma nova narrativa ensina como a coleta e análise de dados pode ser pensada por meio de "controvérsias em negociação".

Assim, esse capítulo responde a seguinte pergunta:

- Como coletar e analisar dados qualitativos?

Todo e qualquer projeto de pesquisa de Natureza Qualitativa deve coletar e analisar dados; seja um projeto de pesquisa teórico (exemplo: revisão sistemática da literatura) ou empírico (exemplo: estudo de caso, pesquisa-ação, etnografia). Em outras palavras, pesquisas qualitativas precisam reunir informações sobre os objetos de estudo (coleta de dados) e decodificar essas informações para transformar o dado bruto em categorias de ordem superior (análise dos dados) (Pratt, 2009).

Logo, o Método de Pesquisa "controvérsias em negociação" é apresentado como uma ferramenta que permite coletar e analisar dados. Argumenta-se que elas direcionam a observação para eventos (momentos, práticas, lugares) nos quais a organização enfrenta um problema ou uma questão intrigante. O foco nesse método recai sobre as relações, agenciamentos e associações entre humanos e outros elementos (máquinas, fatos, técnicas) no processo de organizar, gerir e tomar decisões visando a estabilização das "controvérsias em negociação". Com isso, a coleta e análise de dados ocorre sem que o(a) pesquisador(a) aceite categorias teóricas impostas a priori pela literatura especializada, mas em diálogo com ela.

Para ensinar como coletar e analisar dados por meio de "controvérsias em negociação", este capítulo apresenta uma nova narrativa sobre um estudo de caso real que foi conduzido em um hospital universitário.

Em outras palavras, a exemplo dos capítulos anteriores, o estudo de caso "real" é apresentado por meio de personagens "fictícios".

Faça uma boa leitura!

O CASO E OS PERSONAGENS EM CONTEXTO

O(a) personagem deste capítulo cursou metodologia de pesquisa qualitativa com uma professora apaixonada pelo que faz. Nesta disciplina, a professora demandava que os(as) estudantes fizessem uma pesquisa qualitativa, coletando e analisando dados sobre um evento organizacional qualquer. Os contatos pessoais e a facilidade de acesso levaram o(a) personagem deste capítulo a pesquisar um hospital universitário local. Orientado pela professora de metodologia de pesquisa qualitativa, procurou não definir o objetivo geral da pesquisa antes de iniciar a observação na organização hospitalar. Por conta disso, a professora então o questionou: "O que você pretende observar?" O(a) personagem fictício(a), que se assumiu fenomenológico, replicou dizendo:

— Mas, como assim? — Perguntou ele(a), curioso(a). — O que observar além da experiência e da consciência?

— Em um hospital? — Questionou capciosa a professora. — Trata-se de uma organização complexa e você deve observar tudo!

— Como assim? — Franziu a testa. — Tudo o quê?

— Você precisa escapar, urgentemente, do entendimento de que há apenas o ser brilhante em oposição à infraestrutura opressora. — observou a cara de estranheza do estudante e reformulou a frase — Considere que os elementos materiais igualmente participam da ação: órgãos a serem transplantados e insumos para cirurgias, por exemplo, desempenham ações e fazem com que os atores organizacionais tomem providências.

— Para explorar a complexidade de uma organização, como a hospitalar, preciso ir além da experiência e da consciência dos seres humanos — falou consigo mesmo(a), enquanto anotava no caderno. — É isso?

— Perfeito. — Sorriu feliz a professora, entusiasmada com o início de mais um trabalho no campo. — Leia Mol (2002), que também pesquisou um hospital e mostrou que os fenômenos organizacionais não se reduzem à ação dos humanos. Leia também Venturini (2010), sobre cartografia de controvérsias.

O(a) personagem fictício(a) saiu, na verdade, "desorientado" do que seria sua primeira "orientação". Para ele(a), foi uma blasfêmia escutar que humanos e não humanos são compatíveis. Desconfiado, falava consigo mesmo em voz alta: "Estar no mundo com os outros é coisa de ser humano ou estou louco? Mario Vargas Llosa confirma este entendimento, em

Pantaleão e as Visitadoras, ao mostrar que o gozo é humano! Que diferença faz para elementos materiais estarem no mundo?" Alternando momentos, lembrava da reunião com a professora e se questionava: "De fato, o ser humano em tratamento no hospital muitas vezes recupera sua vida apenas estando associado a inúmeras outras coisas!". Ao lembrar do COVID-19, a capacidade de ação dos respiradores na competência dos Estados de flexibilizarem suas quarentenas veio à mente. Ao perceber que questionava suas próprias convicções, o(a) novo(a) personagem buscou expandir seus conhecimentos por meio da leitura dos textos recomendados. Deste modo, o(a) novo(a) personagem fictício(a) é denominado(a) "estudante metamorfose ambulante" ou, melhor ainda, "Raulzito(a)".

AULA DE METODOLOGIA DE PESQUISA QUALITATIVA, SEGUIDA DE REUNIÃO

Na outra semana, a primeira aula começou com uma exposição do Plano de Ensino, feita pela professora da disciplina:

> "Para estruturar o cronograma da disciplina, busquei inspiração em artigos relevantes para as áreas da Administração sobre metodologia de pesquisa qualitativa. O foco, aqui, é na definição do objetivo geral da pesquisa, na coleta e análise de dados em ação, bem como na prática de redigir um trabalho científico."

Uma aluna levantou a mão e questionou: "No decorrer da disciplina, devemos fazer tudo isso?". Sem pestanejar, a professora respondeu: "Sim. É importante que vocês vão para o campo, para que possamos discutir, em sala de aula, as múltiplas abordagens existentes para coletar e analisar dados, bem como para redigir os achados da pesquisa". E seguiu dizendo: "Como evidencia o cronograma, que consta no Plano de Ensino, no decorrer da disciplina vocês irão definir o problema da pesquisa, planejar e executar a coleta e análise de dados, bem como desenhar e redigir o projeto de pesquisa de Natureza Qualitativa".

Após a aula, Raulzito(a) conversou com a professora a caminho da sala. Como ela tinha tempo até a próxima aula, convidou-o(a) para entrar e conversar: "Me diga, o que achou do material de leitura que sugeri? Teve tempo de ler?". Animado com a possibilidade de discutir o que havia lido, disse:

"Não consegui parar de ler Mol (2002). Pelo que pude entender, o mote do livro é trabalhar com as múltiplas 'naturezas do ser' e não apenas com a 'natureza humana'".

Empolgada com o ânimo e com a exposição inicial de Raulzito(a), a professora disse: "E como você digeriu isso tudo?" Abrindo seu caderno de campo, seguiu: "É fácil entender, ao ler o livro, que não podemos considerar uma única realidade sobre a qual cada investigador apresenta uma perspectiva. Ao analisar como uma doença específica é diagnosticada e tratada no hospital, Mol (2002) conseguiu descrever a existência de diferentes realidades sendo desempenhadas — ou enacted — nesta prática". Interrompendo a fala, a professora replicou: "Para Mol (2002), essas realidades, apesar de diferentes, não se opõem umas às outras, mas se incluem. As controvérsias, quando surgem, não necessariamente apresentam obstáculos intransponíveis ou precisam ser resolvidas – o que me leva às leituras sobre cartografia de controvérsias". Sorrindo, respondeu o(a) estudante: "Separei e li alguns textos, como Venturini (2010a e b) e Hussenot (2014). Eles oferecem interessantes orientações metodológicas".

Depois de uma pausa, a professora respondeu: "Ótimo! Você inicia a observação no hospital amanhã, verdade? Antes disso, use todos estes textos para pensar e elaborar um roteiro de observação. Busque e encontre questões intrigantes e controvérsias com o potencial de te indicar quais dados devem ser coletados no hospital!"

Após se despedir da professora, Raulzito(a) foi para casa aprontar-se para a observação no hospital, que iniciaria no dia seguinte. Preparou o roteiro de observação (ver Figura a seguir). À semelhança dos capítulos anteriores, o(a) personagem definiu que a prática estudada guiaria a pesquisa.

ROTEIRO DE OBSERVAÇÃO – HOSPITAL, DEPARTAMENTOS E ENTORNO

I) O "entorno" do hospital

1. Descreva o bairro e as ruas mais próximas ao hospital: calçadas, lixo, esgoto, movimento.
2. Perto do hospital há grupos específicos, transeuntes aleatórios, policiamento regular?

II) O Hospital visto por fora

3. A entrada é convidativa? O hospital é visível, ou está escondido por trás de muros altos, de camelôs?
4. Qual foi a sua impressão ao chegar ao hospital? É atraente, repulsivo, limpo, urbanizado, sujo?

III) A Hospital visto por dentro

5. Como é a aparência do hospital? Há pichações, vidraças quebradas, depredação?
6. Como é a distribuição dos espaços físicos do hospital?
7. A relação entre colaboradores e pacientes/parentes é cordial, hostil, indiferente?
8. O hospital tem água apropriada para o consumo dos colaboradores? Como é?
9. O hospital oferece alimentação e/ou áreas de lazer, cantinas para pacientes/colaboradores?
10. Servidores públicos, terceirizados, celetistas recebem os mesmos tratamentos?
11. Como são os banheiros do hospital quanto à conservação e limpeza?
12. Como é feita a fiscalização no hospital? Repreensão, controle, violência foram observados?

IV) Dentro do Departamento, Unidade, Setor analisado – aspectos gerais

13. Qual o estado de conservação (mesas, cadeiras, PCs), o tamanho, a iluminação, ventilação, a pintura?

RELAÇÕES E APRENDIZAGENS ORGANIZACIONAIS

I) Relações sociais e materiais

1. **Clima de trabalho**: É agradável, descontraído, instigante, pesado, entediante, chato, conflituoso?
2. **Departamentos e relações:** os colaboradores usam **gírias, piadas, apelidos, comentários afetivos** ou depreciativos sobre desempenho, vínculo empregatício, físico, etnia, classe social, gênero?
3. **O trabalho e a materialidade:** como as relações de diferentes áreas (saúde, ensino e pesquisa, terceirizados) são inscritas e materializadas na burocracia, sistemas, formulários?
4. **Mapear disputas:** descrever as atividades, práticas e ações organizacionais observadas, buscando um evento controverso que possa ser explorado pela pesquisa.

II) Aprendizagens fora do Hospital e de seus departamentos

5. O hospital oferece aos colaboradores atividades externas de capacitação?

III) Dentro do(s) Departamento(s) estudado(s) – aspectos específicos

6. Há classificação de atividades "mais/menos" importantes. Quão relevante é o departamento?
7. Quantos colaboradores? Qual a faixa etária? Como é o humor? São ágeis? Cansados? Centralizadores? Delegam? Atenciosos? Ríspidos? Há diferenças de desempenho?
8. Anote a sequência de atividades e o tempo gasto com cada uma delas, o conteúdo trabalhado no dia, as metodologias empregadas para lidar com as controvérsias, as fontes legais utilizadas.
9. Como as funções são ensinadas/aprendidas? O departamento aprende/ensina no hospital?

RELATÓRIO FINAL DE TRABALHO NO CAMPO

Orientações gerais:

→ Espera-se um relatório completo e detalhado, que inclua fotos, e que contenha a descrição do trabalho de campo realizado pela equipe local.

Orientações específicas:

A redação do relatório deve contemplar os seguintes itens e subitens descritos abaixo, na ordem em que se apresentam:

1. ÍNDICE
2. APRESENTAÇÃO SUCINTA DO RELATÓRIO (ATÉ 1 PÁGINA)
3. DESCRIÇÃO DA OBSERVAÇÃO
4. RELATO DAS PRINCIPAIS OBSERVAÇÕES E IMPRESSÕES (foco nas controvérsias que podem desempenhar associações, agenciamentos, relações, e realidades organizacionais problemáticas e/ou produtivas)
5. REFLEXÕES E INTERPRETAÇÕES ADVINDAS DA EXPERIÊNCIA DA PESQUISA
6. CONSIDERAÇÕES FINAIS

Figura 15: Roteiro de observação para pensar o trabalho no campo.
Fonte: Elaborado pelos autores.

Para compor o trabalho que seria entregue à professora, visando ser aprovado na disciplina, Raulzito(a) escreveu a revisão da literatura sobre "cartografia de controvérsias" (Latour, 2005; Venturini, 2010 a e b) e "controvérsia gerencial" (Hussenot, 2014), que é apresentada a seguir.

DESCREVENDO E ENSINANDO O CAMINHO METODOLÓGICO TRILHADO PELA PESQUISA

UMA PRIMEIRA APROXIMAÇÃO COM A NOÇÃO DE CONTROVÉRSIAS: SOBRE A CARTOGRAFIA DE CONTROVÉRSIAS E AS CONTROVÉRSIAS GERENCIAIS

A noção de cartografia de controvérsias (Latour, 2005; Venturini, 2010 a e b) oferece um recurso útil, visto que — mesmo com acesso direto — é complicado para um(a) observador(a) começar a entender o funcionamento de uma organização e de suas práticas, que podem se parecer com complicadas "caixas-pretas". Para isso, é útil mapear as controvérsias encontradas em uma organização. Para Venturini (2010a), uma controvérsia é o desacordo entre os atores em uma dada situação, iniciando-se com o reconhecimento de que eles não podem ignorar uns aos outros e encerrando-se com um compromisso que permita estabilizar suas relações.

Venturini (2010b) destaca que do nascimento ao encerramento de uma controvérsia, é primordial descrever a representatividade, a influência, e os interesses dos divergentes pontos de vista enunciados. Para isso, é importante representar visualmente (exemplo: redes dinâmicas, argumentos, atuantes, fluxogramas) a multivocalidade encontrada no campo em fluxos onde enunciados convertem-se em fatos organizacionais indiscutíveis (Venturini, 2010b). Escutar a voz dos atores e observar o maior número de pontos de vista possíveis são aspectos centrais na cartografia das controvérsias (Venturni, 2010a).

As controvérsias nas quais os atores estão engajados são uma poderosa ferramenta de investigação porque, ao seguirmos o esforço realizado por

> **DEFINIÇÃO DE ATOR PARA A "CARTOGRAFIA DE CONTROVÉRSIAS".**
>
> Ator é tudo aquilo que faz a diferença (Latour e Akrich, 2000; Latour, 2007) e pode ser detectado na cena (Law e Singleton, 2013). Mais à frente, veremos que o contrato é um ator para a pesquisa de Raulzito(a). O que conta, afinal, é seu poder de agir (Latour, 2013b). Sua centralidade e momento inicial de implementação permitiu que Raulzito(a) seguisse e entendesse as mudanças e relações do contrato em diferentes tempos e espaços (Goody, 1986, p. xiv). Assim, a noção de ator deve incluir humanos e não humanos para que a estratégia topográfica oferecida pela cartografia de controvérsias seja aproveitada plenamente (Calás e Smircich, 1999).

eles para estabilizá-las, conseguimos traçar a rede que as compõe (Callon, 1989), bem como reconhecer que qualquer coisa que faça a diferença, modificando um estado de coisas, pode ser considerado um ator (Latour, 2005). Lindberg e Walter (2013), por exemplo, demonstram como, em um hospital, um incidente com uma bomba de infusão tornou visível e problemática as fronteiras desse objeto com diferentes mundos e realidades organizacionais, desempenhando novas redes de ação que organizaram os trabalhos e tratamentos levados a cabo na clínica (2012, p.13).

Apesar de pouco empregada na administração e nos estudos organizacionais (Hussenot, 2014), a cartografia de controvérsias já foi usada empiricamente por outros pesquisadores organizacionais (Michaud, 2014; Hussenot e Missonier, 2010; Lanzara e Patriotta, 2001). Contudo, esses autores usam essa noção muito mais como um elemento conceitual do que como um recurso metodológico que torna possível mapear e representar graficamente as controvérsias para descrever a construção de fatos e artefatos organizacionais (Venturini, 2010b).

Mais recentemente, Hussenot (2014) criou o conceito de "controvérsia gerencial" (managerial controversy) com o intuito de oferecer uma contribuição metodológica para o campo. Embora seja um método interessante, ainda carecem aplicações empíricas dessa ideia no sentido de analisar o processo de transformação de uma organização e de suas práticas (produtos, serviços, procedimentos, estratégias) frente às controvérsias.

Especificamente nas organizações, as controvérsias dizem respeito aos desacordos sobre a maneira como uma atividade organizacional é estruturada ou gerida (Hussenot, 2014). Em geral, o desacordo acontece quando uma situação ou objeto que era assumido como certo passa a ser questionado e torna-se alvo de discussões entre os atores (Venturini, 2010a).

É possível iniciar uma pesquisa em torno de um objeto organizacional controverso, que muitas vezes apenas se torna visível a partir do ponto de vista de uma rede de atores heterogêneos (Law, 2000, p. 10). Não só é possível, mas também interessante, visto que debates em torno de objetos organizacionais forçam os atores envolvidos a discutirem e se posicionarem a respeito da controvérsia em sua condição de produção (Latour, 1987). Ainda assim, questões intrigantes permitem a descrição das relações, associações e agenciamentos que ocorrem entre humanos e não humanos em uma organização, visando a estabilização de controvérsias (Hussenot e Missonier, 2010).

💡 A RESOLUÇÃO (TEMPORÁRIA) DAS CONTROVÉRSIAS

Uma vez resolvidas, o resultado das controvérsias pode se tornar legítimo e compartilhado dentro da organização como uma nova maneira de realizar uma dada atividade, provendo, assim, uma estabilidade temporária (Lanzara e Patriotta, 2001). As controvérsias em torno de um artefato (como um contrato, por exemplo) também podem fazer com que sua natureza seja alterada e ele adquira novos papéis, já que as negociações em torno delas levam a novas definições a respeito das relações entre os atores (Hussenot e Missonier, 2010).

Lanzara e Patriotta (2001) mostram, por exemplo, como a introdução de uma tecnologia de gravação de vídeocassete gerou controvérsias que potencializaram a criação de conhecimento e provocaram alterações significativas na prática cotidiana de um tribunal de justiça. Nesses casos, a reconfiguração das associações da rede faz com que diferentes elementos apareçam, se modifiquem ou sejam excluídos (Hussenot, 2014).

💡 ENSINANDO (PASSO A PASSO) A EMPREGAR METODOLOGICAMENTE AS CONTROVÉRSIAS EM NEGOCIAÇÃO

Em se tratando de um emprego metodológico, o uso que Raulzito(a) faz das controvérsias se aproxima da conceitualização feita por Hussenot (2014). Porém, a partir do trabalho no campo e da relação com a literatura especializada, alguns pontos foram aprofundados. Primeiro, a operacionalização das controvérsias foi feita em termos de mapeamento e representação gráfica. Segundo, as controvérsias foram exploradas para além do momento presente, já que se conectam com controvérsias passadas que se fazem sentir no ordenamento atual. Por fim, controvérsias que se apresentam como supostamente "sociais" e controvérsias que aparentam ser "técnicas" foram analisadas nos mesmos termos.

De tal modo, com base na literatura e nas observações iniciais feitas no campo de pesquisa, Raulzito(a) estabeleceu e seguiu cinco passos, sendo eles:

1. identificar a controvérsia relacionada ao fenômeno organizacional em análise;

2. mapear a rede de atores (sociais e materiais) envolvidos na controvérsia, ao longo do tempo;

3. traçar como a controvérsia é, e foi praticada, ao longo da história da organização;

4. mapear e representar graficamente as controvérsias encontradas e seus movimentos;

5. descrever as realidades e fatos produzidos (contratos, contratações, vendas, inovações) pela controvérsia para a organização estudada.

Essas etapas, que foram sistematizadas a partir do trabalho no campo e da literatura analisada, não devem ser visualizadas de maneira estática e/ou linear, pois muitas delas podem ocorrer simultaneamente.

COLETANDO E ANALISANDO DADOS POR MEIO DE CONTROVÉRSIAS: UMA DESCRIÇÃO PASSO A PASSO

O CASO EM CONTEXTO

Raulzito(a) desenvolveu um estudo de Natureza Qualitativa sobre os processos de organização de um Hospital Universitário (HU) público. Especificamente, o foco da análise foi a implementação de um contrato, que pôde ser analisado em construção e em ação. Trata-se do contrato nº 77/2015, de prestação de serviços para o HU por uma empresa privada, a Brastump, que substituiria o Instituto da Qualidade, que fora trocado por haver cometido infrações contratuais. A implementação do contrato foi estudada antes que ele se tornasse uma "caixa-preta" (Latour, 1987) e as controvérsias envolvidas no processo se estabilizassem.

A fase inicial do trabalho no campo consistiu em identificar se aquele artefato se apresentava como motivo de disputas intensas, influenciando a gestão do hospital, pois controvérsias acaloradas facilitam a observação das disputas em jogo (Venturini, 2010a). O contrato nº 77/2015 cumpria esse requisito, suscitando uma série de desacordos entre os atores organizacionais e ocupando uma posição central nas atividades e rotinas de trabalho.

O QUE A LITERATURA FALA SOBRE A ESCOLHA DE CONTROVÉRSIAS?

Venturini (2010a) elabora quatro critérios para o estudo de "controvérsias tecnocientíficas", que foram adaptados por Hussenot (2014) para investigar "controvérsias gerenciais" — ambos autores indicam o que pesquisadores devem evitar ao invés de favorecer.

Considerando a observação realizada no dia a dia do hospital, Raulzito(a) altera a polaridade de três critérios originalmente sugeridos por Venturini (2010a) para a direção oposta*. Em vez de evitar "controvérsias passadas, frias e subterrâneas", estudantes devem abraçá-las quando o entendimento do fenômeno analisado demanda um resgate histórico e uma análise de atores e vozes marginalizadas na organização. No lugar de "evitar controvérsias sem limites", sugere-se que os pesquisadores "tomem cuidado com controvérsias sem limites".

As controvérsias em torno do contrato em questão demonstram que problemas passados e aparentemente resolvidos podem voltar à tona, produzindo uma rede significativa — mas não infinita — de atores heterogêneos que podem ser analisados. Entretanto, se o foco da pesquisa não demandar um resgate histórico, os critérios definidos por Venturini (2010a) podem ser usados sem alterações.

Vale ressaltar que a pesquisa pode requerer novas adaptações aos critérios mencionados. Por isso, eles não devem ser vistos de maneira impositiva, mas como um possível caminho para observar e coletar e analisar dados organizacionais no campo.

- **OS QUATRO CRITÉRIOS DEFINIDOS POR VENTURINI (2010A) SÃO PARA EVITAR:**

1. controvérsias frias: controvérsias que não suscitam um debate mais acirrado devem ser evitadas, pois elas tendem a trazer pouca dinâmica na disputa entre os atores a respeito de uma situação qualquer;
2. controvérsias passadas: elas são difíceis de ser rastreadas até o ponto em que elas ainda estavam ativas. Uma vez resolvidas no passado, elas perdem o interesse;
3. controvérsias ilimitadas: controvérsias muito amplas e extensas acabam impondo barreiras ao pesquisador ao longo da pesquisa, especialmente no que diz respeito ao tempo e recursos para poder estudá-las;
4. controvérsias subterrâneas: controvérsias confidenciais que não são de acesso público dificultam a identificação dos atores que dela fazem parte e por consequência restringem a capacidade do pesquisador de entendê-las de maneira adequada.

A segunda fase da pesquisa consistiu em observar diretamente as controvérsias e as práticas em torno desse contrato. Do mesmo modo, Raulzito(a) descreveu a produção contínua da gestão naquele hospital por meio de variadas práticas. Isso o levou a diversos lugares, pessoas, documentos, leis, acordos, comunicações, ofícios e planilhas envolvidas nas atividades previstas no referido artefato administrativo.

Por último, Raulzito(a) procurou apreender — histórica e longitudinalmente — o desenvolvimento das controvérsias em torno do contrato no HU, representando graficamente as soluções (provisórias) para as controvérsias encontradas em relação às realidades produzidas para a organização estudada. Nesse movimento, evidenciou que os discursos que fazem frente às controvérsias podem estar inscritos, de forma dispersa, em leis, portarias, contratos, na mídia e até mesmo na literatura especializada (Venturini, 2010a).

A COLETA DE DADOS

Depois de uma semana de observação no HU, Raulzito(a) participou da segunda aula, onde discutiu o seu tema de pesquisa com os demais estudantes. Logo após, conforme haviam combinado, teve uma nova reunião com a professora.

Durante a reunião, Raulzito(a) expôs com empolgação a identificação de uma controvérsia "quente" e "histórica" no HU, descrevendo práticas e atores enredados na busca de uma solução para os problemas mapeados. Em seguida, escutou da professora: "O contrato é um típico artefato da burocracia. Portanto, ao coletar dados, tema da nossa próxima aula, você não deve impor o seu conhecimento prévio como administrador(a) ao entendimento que os trabalhadores no hospital possuem sobre ele. Por favor, confira Gioia, Corley e Hamilton (2012) sobre essa diretriz".

Raulzito(a) levantou a cabeça e questionou: "Sem apresentar qualquer juízo de valor, pretendo coletar dados por meio de observação não participante, já em andamento. Busquei e encontrei notícias e matérias jornalísticas sobre a controvérsia identificada. Mas também quero aplicar entrevistas informais, com base em algumas dúvidas que começam a surgir, bem como levantamento de documentos". A professora respondeu: "Perfeito! Como nos ensina Creswell (2010), é preciso triangular dados entre observações, entrevistas, documentos e material audiovisual no desenvolvimento de qualquer projeto de pesquisa".

O telefone da professora tocou e ela saiu da sala para atender. Ao retornar, mostrou-se interessada no andamento da coleta de dados:

— Diga-me uma coisa — questiona, animada, a professora — Você já levantou documentos relativos ao controverso contrato?

— Sim, sim — responde orgulhoso Raulzito(a) — Ao seguir o contrato, encontrei a ata do pregão eletrônico nº 19/2015, reportagens na mídia local, ví- deos e fotos do HU. Pude mapear dados do Portal de Compras do Governo Federal, planilhas de faturamento da prestação de serviço da Brastump no HU, despachos, ofícios, instruções normativas e e-mails.

— Preste bem atenção! — Sugeriu preocupada, quase gritando a professora — Sempre que um documento desempenhar uma ação na produção ou estabilização das polêmicas examinadas, trate de reuni-lo com outros dados da pesquisa, para analisar os argumentos dos atores alistados à rede do Contrato. E você já tem alguma entrevista pré-agendada?

— A primeira entrevista informal vai ser realizada com a chefe da Unidade de Apoio Operacional (UAO). — Levantou as sobrancelhas e anotou algo no caderno de campo — Ela disse que posso observar algumas reuniões com a Brastump. Quem sabe não tiro algumas dúvidas com eles também?

— É importante, no seu caso, realizar entrevistas informais usando "questões etnográficas". — A professora buscou e achou na sua mesa um velho artigo impresso — Antes de você pensar na realização das entrevistas, tente ler Spradley (1979).

— Ótimo. — pegou e folheou o artigo com cuidado, guardando-o na mala em seguida — Vou começar a leitura hoje mesmo. Com as entrevistas, quero entender melhor o desenvolvimento da resolução das controvérsias a partir dos próprios termos dos atores.

— Exato! — Disse, acenando positivamente com a cabeça, a professora — Como nos ensina Heyl (2007), os trabalhadores e os objetos organizacionais são os que precisam nos oferecer as categorias analíticas para a investigação.

Foi assim que, entre os meses de abril e novembro de 2015, Raulzito(a) esteve no HU, em média, duas vezes por semana, cinco horas semanais. Durante as observações, registrou cronologicamente em um diário de campo as controvérsias no decorrer da implementação do contrato. A inscrição cronológica dos escritos permitiu evidenciar múltiplas dimensões temporais (eventos passados, atos de comprometimento) e espaciais (outros setores do

HU, documentos citados pelo contrato, reinterpretação e adaptação dos termos contratuais) justapostas no processo de estabilização em rede do artefato. A figura a seguir caracteriza a prática de coleta de dados realizada por Raulzito(a) por meio de controvérsias em negociação.

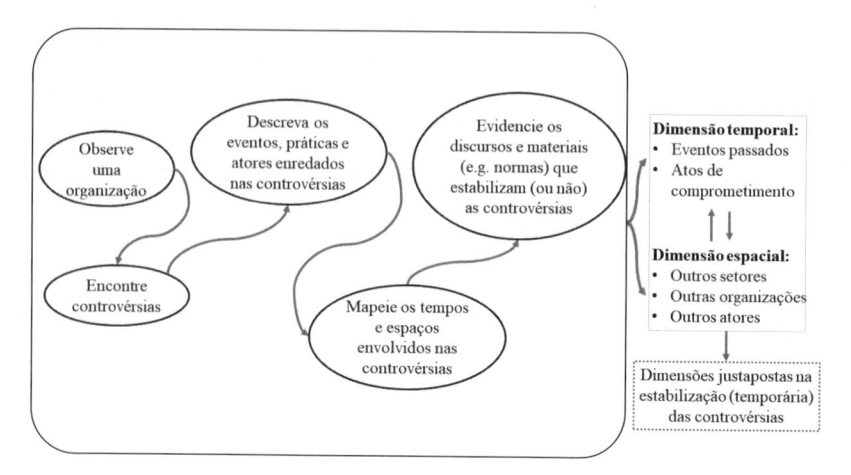

Figura 16: A coleta de dados por meio de controvérsias em negociação.
Fonte: Elaborado pelos autores.

MAS, QUANDO PRECISO PARAR DE COLETAR DADOS?

O tempo é, sem dúvida, um fator limitante que impede a coleta de dados por períodos prolongados. Mas, a pergunta permanece: como determinar quando é preciso parar de coletar dados?

Como critério para definir o limite da rede de atores a ser traçada e mapeada na pesquisa, Raulzito(a) usou as orientações de Law (1989), que estabelecem que a extensão da rede depende da capacidade dos atores de se fazerem percebidos individualmente no fenômeno em análise.

Assim, Raulzito(a) parou de coletar dados quando os atores não mais se fizeram notar no campo.

Os nomes das organizações e das pessoas e os números dos processos e contratos da administração pública, que foram coletados, são fictícios.

ANÁLISE DOS DADOS

Constantemente, Raulzito(a) lia e relia os dados coletados no campo que vinham em forma de entrevistas, observações ou digitalizados em documentos Word e planilhas Excel. A partir dos dados lidos, relidos e integrados, a análise foi iniciada.

Em consonância com os procedimentos de coleta de dados, Raulzito(a) optou por utilizar algumas estratégias para analisar dados processuais, a partir da literatura especializada das áreas da Administração. Logo, Raulzito(a) empregou três estratégias de análise de dados processuais: narrativa (narrative strategy); delimitações temporais (temporal bracketing strategy) e mapeamentos visuais (visual mapping strategy) (Langley, 1999).

Após identificar a controvérsia (passo 1) e mapear a rede de atores envolvidos na controvérsia (passo 2), Raulzito(a) utilizou as estratégias de "narrativa" e "delimitação temporal" para descrever como a controvérsia é e foi praticada ao longo da história da organização (passo 3).

No que diz respeito à estratégia narrativa, ela pode ser considerada descritiva ou realista quando a narração da história é o principal produto da pesquisa (Langley, 1999; Van Maanen, 1988). Com isso, os achados e a contribuição deste estudo emergem em relação à descrição pormenorizada das relações existentes entre a controvérsia identificada e os atores organizacionais. É nesse sentido que Boje (2001) e Czarniawska (1998) sugerem que narrativas e narração de histórias (storytelling) andam de mãos dadas, uma vez que a narrativa é produzida por pesquisadores a partir de diversas histórias no campo: por documentos, testemunhos, entrevistas. Assim, a estratégia delimitações temporais é utilizada para que seja possível ordenar as experiências que foram narradas cronologicamente.

Após criar uma narrativa cronológica que inclui a controvérsia (passo 1), os atores em relação com a controvérsia (passo 2) e o desenvolvimento da controvérsia na organização (passo 3), Raulzito(a) aplicou a estratégia "mapeamentos visuais" para representar graficamente as controvérsias encontradas e seus movimentos ao longo do tempo (passo 4). Tal estratégia possibilitou entender em que medida a controvérsia passada ainda hoje se relaciona com a controvérsia presente no hospital, bem como descrever, no decorrer do trabalho no campo, quais práticas participam da estabilização temporária da controvérsia analisada.

Por último, uma vez terminada a coleta e análise de dados, a narrativa — construída a partir de diversas narrações de histórias — foi reescrita para conectar de forma clara as ações, relações e eventos ocorridos ao longo do tempo. Com isso, este capítulo descreve como o hospital estabilizou, mesmo que momentaneamente, uma controvérsia (Chase, 2005), representando as realidades e fatos produzidos com a estabilização provisória — imagem positiva, paz para trabalhar, sinergia entre trabalhadores e inovações da gestão hospitalar pública — para a organização estudada (passo 5). A reescrita da narrativa não busca provar ou validar os fatos expostos pela pesquisa (Sharma e Ravindran, 2020), mas apenas articular o objetivo geral do capítulo: ensinar formas emergentes de coletar e analisar dados por meio de controvérsias em negociação.

Em suma, para percorrer os cinco passos propostos pelo Método de Pesquisa controvérsias em negociação, as histórias foram analisadas por meio de uma narrativa que foi estruturada temporalmente e que utilizou mapeamentos visuais.

A tabela seguinte resume as informações sobre o uso dos dados em cada etapa do processo de pesquisa.

TABELA DE DADOS	TIPO	QUANTIDADE	PASSOS DA PESQUISA	USO
Dados Primários	Observação não participante.	Entre abril e novembro de 2015, duas vezes por semana, cinco horas por semana.	Um, dois, quatro e cinco.	Identificar e entender as controvérsias em ação. Esta pesquisa observou os eventos ocorridos, o fluxo de documentos citados pelo contrato, bem como os compromissos, as reinterpretações e adaptações de termos contratuais. Essa observação permitiu mapear atores e os aspectos intrigantes sobre a implementação do contrato.
	Caderno de campo.	Um caderno de campo (100 páginas).	Dois, quatro e cinco.	Mapear a rede de atores formados em torno da implementação do contrato ao longo do tempo, traçando as intrigas envolvidas nas relações com os atores e entendendo os modos de ordenação que estabilizaram e produziram uma versão específica da realidade. A partir de anotações de campo, desenvolveu-se uma planilha em Excel com os principais temas/categorias da pesquisa.
	Entrevista etnográfica informal.	Oito pessoas, de cinco divisões diferentes, com duração média de 35 minutos.	Um, quatro e cinco.	Esclarecer dúvidas específicas e definir o gancho da pesquisa. Em outras palavras, as entrevistas permitiram identificar e analisar o contrato de prestação de serviços – um dos mais relevantes do hospital - bem como fazer perguntas sobre os contratos passados e presentes realizados pela instituição.

MÉTODO DE PESQUISA QUALITATIVA

TABELA DE DADOS	TIPO	QUANTIDADE	PASSOS DA PESQUISA	USO
	Ata de pregão eletrônico nº 19/2015.	Uma ata contendo os itens de pregão eletrônico e impugnação (55 páginas).	Dois.	Entender quais posições/vagas foram contratadas para quais locais hospitalares e mapear a rede de atores representados em torno da implementação do contrato.
Dados Secundários (relação entre pesquisadores e materialidades)	Narrativas da mídia local.	30 resultados.	Três e quatro.	Analisar a controvérsia entre o Hospital e o Instituto da Qualidade. Esses materiais foram importantes para traçar o ponto de partida da controvérsia contratual e oferecer uma descrição da recente história turbulenta observada no hospital.
	E-mails.	O número de e-mails analisados e inseridos no processo: 150.	Dois, quatro e cinco.	Compreender, cronologicamente, as controvérsias promulgadas pela implementação do contrato (Hospital e Brastump) e como os atores se organizaram. Oportunizar o entendimento dos diferentes argumentos, narrativas e pontos de vista utilizados pelos atores visando à estabilização das controvérsias. Ademais, os e-mails também foram usados para permitir identificar como as controvérsias presentes foram assombradas pelas anteriores.

Dados do Portal de Compras do Governo Federal.	Portais de transparência (um documento de 7 páginas) e de compras (um documento de 15 páginas).	Dois e quatro.	Abranger os contratos celebrados entre o Hospital e o Instituto Qualidade, bem como entre o Hospital e a Brastump. Ademais, permitiu identificar os atores envolvidos nas controvérsias atuais e passadas.
Folhas de faturamento da prestação de serviço da Brastump no Hospital.	Foram analisadas oito folhas de cobrança, de abril a novembro de 2015.	Um e cinco.	Apreender as controvérsias promulgadas pela implementação do contrato, firmado entre o Hospital e a Brastump. Desse modo, foi possível acompanhar e analisar como as controvérsias foram negociadas, disciplinadas e estabilizadas temporariamente.
Diário Oficial da União (DOU).	Quatro DOUs, totalizando quatro páginas.	Três e quatro.	Entender o que aconteceu – desde a assinatura até o final do contrato – entre o Hospital e o Instituto da Qualidade. Entender o que aconteceu – desde a assinatura até o final do contrato – entre o Hospital e o Instituto da Qualidade.
Processos judiciais e tribunal de contas da união.	Três documentos, totalizando 20 páginas.	Três e quatro.	Interpretar melhor as controvérsias que ocorreram entre o Hospital e o Instituto da Qualidade.

Tabela 8: Informações sobre o uso dos dados em cada etapa do processo de pesquisa.
Fonte. Elaborado pelos autores.

ANALISANDO PRÁTICAS ADMINISTRATIVAS E ORGANIZACIONAIS POR MEIO DE CONTROVÉRSIAS

💡 A REDE DA ASSINATURA DO CONTRATO Nº 77/2015.

A Brastump é uma empresa privada que presta serviços gerais (limpeza, manutenção, recepção, portaria, dentre outros), como terceirizada, para diversas organizações. Sua entrada no HU começou a ser formalmente definida no dia 14 de abril de 2015 às 09h03min, quando o Pregoeiro Oficial do hospital se reuniu com os respectivos membros da Equipe de Apoio para realizar os procedimentos relativos à licitação, como consta na Ata de Realização do Pregão Eletrônico nº 19/2015. O objeto desse pregão, encerrado no dia 29 de abril de 2015 às 15h01min, foi a contratação de pessoa jurídica especializada na prestação de serviços de apoio administrativo e atividades auxiliares, incluindo fornecimento de insumos como uniformes e crachás de identificação. Dentre os seis fornecedores que participaram do pregão eletrônico, a empresa Brastump foi a licitante melhor classificada em todos os itens e, portanto, declarada vencedora. O edital do Pregão Eletrônico nº 19/2015 gerou o contrato nº 77/2015 entre a empresa BRASTUMP SERVIÇOS GERAIS LTDA (contratado) e o HU (contratante), com vigência de 01 de junho de 2015 a 31 de maio de 2016, podendo ser renovado por até cinco anos, pelo valor anual de R$ 10.763.326,79.

O HU em questão é o maior hospital da rede pública do estado brasileiro em que a pesquisa foi realizada, contando com ampla infraestrutura e equipado com diversos aparelhos. É também referência em diversas áreas de especialização. A assistência médica no HU é realizada por mais de 1.700 pessoas e, com o contrato 77/2015, promoveu ainda a entrada de 249 novos funcionários. Para oferecer uma primeira visualização da abrangência da rede desempenhada pelo Contrato, a figura mais abaixo foi desenvolvida a fim de delimitar o local onde trabalham os atuantes da Brastump alocados no HU.

O representante da Unidade de Contratos (UC) do HU encaminhou, em 02 de junho de 2015, o Contrato assinado para o chefe da Divisão Administrativa Financeira (DAF), para que ele abrisse uma conta vinculada com o intuito de atender ao item 2 da 7º cláusula do Contrato. No HU, a responsabilidade por fiscalizar estas práticas é distribuída entre

Lisalba, da Unidade de Apoio Operacional (UAO), Fabiana, do Setor de Hotelaria Hospitalar (SHH), e Rondón, da Unidade de Patrimônio (UP). Enquanto Lisalba lidera as ações ligadas à inspeção administrativa da Brastump, Fabiana e Rondón fiscalizam os aspectos técnicos ligados ao Contrato. Durante as observações, foi constatada demasiada preocupação do gestor do Contrato, o Marechal, bem como da equipe fiscalizadora, no tocante ao início das atividades da Brastump. O zelo do HU com a contratação da Brastump pode ser entendido historicamente.

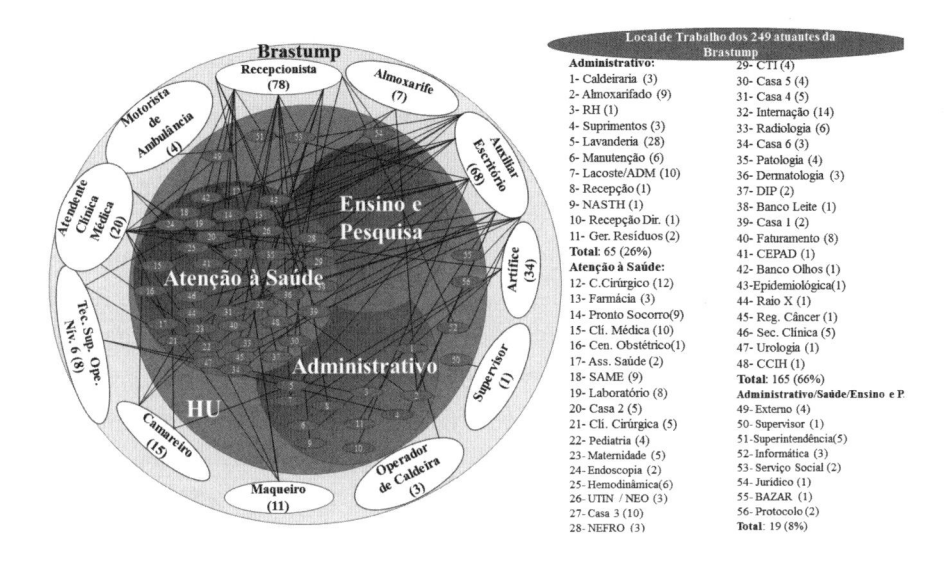

Figura 17: Rede temporária desempenhada pelo Contrato.
Fonte: Elaborado pelos autores.

REVIVENDO UMA CONTROVÉRSIA TRAUMÁTICA CAUSADA POR PROBLEMAS COM O FATURAMENTO

Desde 2012, antes da entrada da Brastump, o Instituto da Qualidade provia serviços com uso intensivo de mão de obra no HU. Ainda que o Instituto da Qualidade pudesse ter o seu contrato com o HU renovado anualmente até 2017, a sua permanência se tornou insustentável em dezembro de 2014, quando atrasou o pagamento dos salários e gerou uma paralisação dos(as) terceirizados(as). Essa controvérsia teve grande repercussão na época, tendo, inclusive, cobertura pela mídia local. Assim, com grandes dificuldades em resolver essa questão, e vinculado à lei e às cláusulas contratuais, houve a imposição de penalidades que resultaram na rescisão do contrato e em uma nova licitação/contratação.

Para tanto, o empenho do HU em garantir uma entrada estável da Brastump visava evitar outra contratação conturbada, já que a experiência anterior tinha sido traumática para os funcionários e para o hospital como um todo.

No dia 17 de junho de 2015, houve uma reunião no HU entre os fiscais e o gestor do Contrato, com a intenção de levantar pontos pendentes de execução que precisavam de atenção especial, uma vez que não seria razoável cometer os mesmos erros do passado que geraram a paralisação dos(as) terceirizados(as). Observou-se que as planilhas de faturamento apresentavam um problema significativo, que precisava ser resolvido. De acordo com a fiscal administrativa do Contrato, os elementos contratuais que mais produziram controvérsias foram as planilhas de: (1) Demonstrativo de Faturamento para Pagamento (DFP) e (2) Retenção para Conta Vinculada (RCV). Para a fiscal, as duas planilhas eram o "calcanhar de Aquiles" do Contrato. A figura a seguir ilustra a rotina de faturamento mensal.

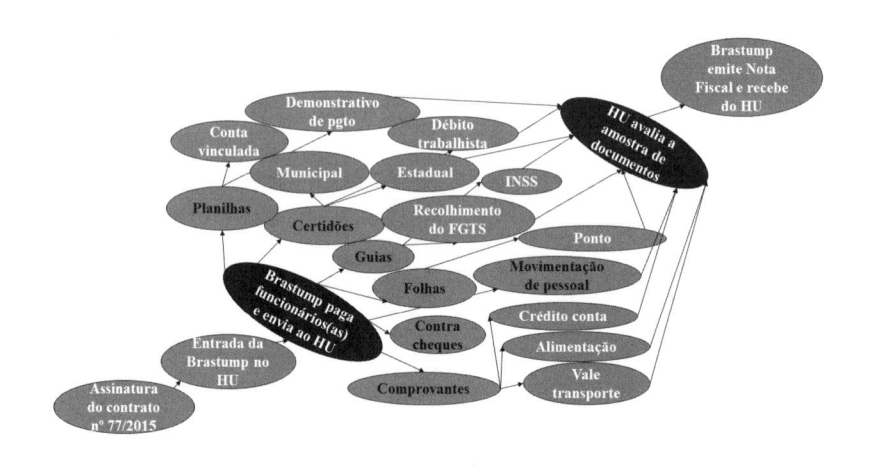

Figura 18: Rotina do Contrato para faturamento mensal da prestação de serviço da Brastump.

Fonte: elaborado pelos autores.

Após o término da reunião, Lisalba elaborou o Ofício 01/2015, endereçado à Brastump. O ofício apontava as inconsistências na documentação da folha de ponto do mês de junho de 2015 e solicitava providências a esse respeito. O uso de um artefato burocrático (o Ofício 01/2015) foi a maneira que a fiscalização encontrou para tentar disciplinar os atores da rede do contrato.

Apesar do uso de forças legais, foram diversas as negociações empregadas por meio de reuniões, informes e capacitações, para garantir uma entrada estável da Brastump no hospital. As controvérsias deste processo decorrem, em grande parte, da complexidade do contrato. Além do mais, devido à recente experiência traumática daqueles que trabalhavam no Instituto da Qualidade, e que passaram a ter vínculo empregatício com a Brastump, era difícil explicar que os problemas apontados anteriormente não voltariam a acontecer. Logo, enunciados desconfiados principiaram a produzir o efeito de que a entrada da Brastump no HU poderia ocorrer de uma forma conturbada. Não apenas aquelas controvérsias iniciais precisavam ser resolvidas, mas o HU necessitava fazer com que a interpretação do episódio da "entrada da Brastump no HU" reforçasse o próprio fenô meno, e não o enfraquecesse.

No próximo tópico, apresentaremos os problemas presentes no processo de faturamento. Eles deram origem a duas grandes controvérsias. A primeira, aparentemente técnica (erros nas planilhas). A segunda, supostamente social (insatisfação dos funcionários).

CONTROVÉRSIAS ABALANDO A GESTÃO DO HU

CALCANHAR DE AQUILES: ENTRE ERROS E CORREÇÕES DE PLANILHAS "TÉCNICAS"

No dia 20 de julho de 2015, o HU recebeu as duas planilhas, que a fiscal administrativa do contrato havia apontado como o "calcanhar de Aquiles" do faturamento, e a documentação comprobatória referente ao primeiro pagamento da Brastump. A primeira versão das duas planilhas e a documentação comprobatória do primeiro faturamento foram apresentadas com uma série inconsistências referentes à ausência dos trabalhadores, de vales-transporte e de cestas básicas. Conforme relatado, a fiscalização do Contrato preparou o ofício 01/2015, com o intuito de indicar os erros encontrados no faturamento e

> Ao receber o ofício nº 01/2015, a Brastump percebeu que o pagamento apenas poderia ser realizado mediante inúmeras ações retificadoras. Mal despontava o dia de trabalho na quarta-feira, 22 de julho de 2015, quando entrou, na UAO, o encarregado da Brastump, ansioso por equacionar os problemas e questionamentos levantados no ofício 01/2015; quase terminava o segundo mês de prestação de serviços da Brastump, que teria que realizar outro pagamento sem haver embolsado os valores a ela devidos referentes ao primeiro de trabalho. Em uma reunião breve na própria UAO, a fiscalização explicou cada um dos pontos do ofício nº 01/2015. Mais tarde, o encarregado da Brastump reapareceu na sala da UAO, agora para apresentar os documentos listados na cláusula 13.1.29 do contrato nº 77/2015: cópia dos programas de Controle Médico de Saúde Ocupacional (CMSO) e de Prevenção dos Riscos Ambientais (PPRA). (Notas de Campo).

solicitar à Brastump correções, esclarecimentos e documentação adicional, para finalizar o pagamento de 06/2015.

No dia 23 de julho de 2015, Lisalba encaminhou para a fiscalização os documentos e planilhas corrigidas (segunda versão), em resposta ao ofício 01/2015. Esse dia foi tomado por inúmeras reuniões entre o(as) fiscal(is) e o gestor do Contrato, uma vez que era preciso analisar a plausibilidade das adequações realizadas pela Brastump. No dia 24 de julho de 2015, o HU notificou a Brastump que os nomes de cada empregado constavam corretamente, mas que as planilhas apresentavam incongruências, sendo necessárias, assim, novas correções.

Após as retificações, a Brastump enviou para o HU as novas versões das duas planilhas no dia 27 de julho de 2015. Nesse mesmo dia, ao avaliar a terceira versão das planilhas do primeiro faturamento, a fiscalização percebeu que cometeu um erro ao ter informado à Brastump que glosaria os dias não trabalhados em junho no mês entrante, pois a administração pública não pode adiantar pagamento ao particular. Então, a fiscalização ratificou que as faltas ocorridas no mês de junho de 2015 não deveriam ser glosadas na próxima fatura. Logo, a Brastump teve que contemplar nas planilhas de demonstrativo de faturamento para pagamento e de retenção para conta vinculada as faltas dos funcionários ausentes, uma vez que ainda não havia cobridores disponibilizados no mês de junho de 2015 para os postos de trabalho. Outra vez, não foi factível proceder com o pagamento.

A Brastump precisou refazer a planilha, agora, por um erro da fiscalização, e a quarta versão da planilha foi enviada para o HU no dia 28 de julho de 2015. No dia seguinte, a fiscalização respondeu à Brastump, atestando que as duas últimas planilhas enviadas refletiam os novos valores da fatura e da retenção para conta vinculada, considerando as faltas ocorridas no mês. Entretanto, as duas planilhas contemplavam o adicional noturno, o qual ainda não havia sido pago aos empregados por questões operacionais da Brastump. Para tanto, a fiscalização solicitou um novo ajuste. Uma vez que o pagamento do adicional noturno fosse efetuado, estes valores seriam contemplados em próximas faturas e na correspondente retenção para Conta Vinculada. Para isso, as novas correções levaram à quinta versão de ambas as planilhas.

Já no dia 30 de julho de 2015, a fiscalização confirmou o recebimento de uma das duas planilhas, a de demonstrativo de faturamento para pagamento. Embora a primeira planilha estivesse correta, a fiscalização cobrou da Brastump diariamente pela segunda, mas sem respostas. Foi então que, somente no dia 10 de agosto de 2015, a Brastump enviou a planilha de retenção para conta vinculada atualizada, agora correta. Depois da avaliação dos documentos comprobatórios e das planilhas do faturamento, o HU finalmente autorizou a emissão da Nota Fiscal. Os documentos indispensáveis para o faturamento representam uma pilha de manuscritos, mensalmente elaborados pela Brastump e inspecionados pelo HU, como pode ser observado na figura à continuação.

Figura 19: Documentos de faturamento entregues mensalmente pela Brastump ao HU.
Fonte: Foto tirada na UAO durante a pesquisa.

Para que as primeiras controvérsias — aparentemente técnicas — se resolvessem, negociação e disciplina foram os modos de ordenamento desempenhados pelos atores; ao menos no caso deste hospital em particular.

💡 ATAQUES INTERNOS "SOCIAIS" À ENTRADA DA BRASTUMP NO HU

Independentemente do fato de que os funcionários foram remunerados em dia pela Brastump, houve erros no pagamento dos salários e benefícios de junho e julho de 2015. Logo, ocorreu insatisfação por parte de alguns funcionários da Brastump e de seus respectivos chefes no HU. A despeito do fato de que os problemas identificados passavam pela prática conhecida como 'faturamento', além da fiscalização ter que findar as controvérsias aparentemente 'técnicas' em torno do faturamento, foi preciso também lidar com controvérsias supostamente 'sociais'. No dia 11 de agosto de 2015, a Janaína, encarregada da Unidade de Processamento da Informação Assistencial (UPIA), escreveu um e-mail para Fabiana com relatos de funcionários da Brastump:

DE: JANAÍNA
ENVIADO: SEGUNDA-FEIRA, 10 DE AGOSTO DE 2015, ÀS 14:42
PARA: FABIANA
ASSUNTO: RECLAMAÇÕES COLETIVAS – PAGAMENTO BRASTUMP

Bom Dia Fabiana,
Como fiscal do contrato com a Brastump, segue abaixo o relato dos funcionários da empresa para você fazer os devidos encaminhamentos.
O salário de julho/2015 saiu no início de agosto com muitas inconsistências, gerando desmotivação coletiva na equipe Brastump lotada na UPIA:
   a. diferenças salariais: funcionários com mesmo cargo e salário líquido diferente;
   b. descontos sem justificativa, inclusive referentes ao vale-transporte, direito dos funcionários.
A queixa maior é pelo descaso da empresa com eles, pois reclamam que ninguém explica o que está acontecendo e só falam que estão "aguardando um posicionamento do hospital".
Bom, achamos grave esta situação, pois entendemos que a Brastump não deve transferir a responsabilidade dela junto aos empregados para o hospital.
Atenciosamente, Janaína
Unidade de Processamento da Informação Assistencial – Hospital Universitário

A Brastump utilizou da complexidade do contrato para transferir a responsabilidade das demandas dos seus funcionários para o HU, criando uma zona de ambiguidade para os colaboradores que buscam, entre a Brastump e o HU, terem seus interesses atendidos. Janaína, alicerçada no testemunho de funcionários da Brastump, demandou um posicionamento do HU, garantindo que a fiscalização do Contrato apreenda a sua visão das condições laborais oferecidas pela Brastump como uma interpretação da situação de trabalho daqueles(as) terceirizados(as). A Fabiana se reuniu com os demais fiscais do contrato para analisar a reclamação apresentada pela Janaína. A preocupação da fiscalização do contrato era que a análise gerada pela Janaína pudesse adquirir independência, fazendo com que aquela interpretação da entrada da Brastump na UPIA se transformasse na apreciação comum de todos. Para evitar este contratempo, os fiscais elaboraram um e-mail que se mostrou solidário à verificação apresentada:

DE: LISALBA
ENVIADA EM: SEGUNDA-FEIRA, 10 DE AGOSTO DE 2015, ÀS 17:51
PARA: JANAÍNA
CC: MARCOS
ASSUNTO: RES: RECLAMAÇÕES COLETIVAS - PAGAMENTO BRASTUMP – CONTRATO 44/2015

Boa tarde, Janaína.

Entendo a reclamação por parte dos empregados e não tiro sua razão, mas precisamos ter um pouco de paciência neste início da contratação. Temos um trauma muito grande deixado de herança pela empresa anterior (Instituto da Qualidade), que atrasou pagamentos e não pagou devidamente as rescisões.

(...)

Sim, houve erros na execução do contrato, mas a empresa está se mostrando disposta a acertar, corrigindo-os. Ademais, peço que, quando os empregados contatem a Brastump e seu discurso culpe o hospital, identifique o funcionário da Brastump que passou esta informação, para que possamos tomar as devidas ações a respeito.

Fico à disposição em caso de dúvidas e para solucionar problemas. Mas peço sua ajuda e paciência enquanto a empresa se mostrar disposta a acertar. Fique segura de que, se a execução do contrato apresentar irregularidades sem solução e/ou prazos inaceitáveis para correção dos problemas, a Unidade de Apoio Operacional entrará em ação para apuração e consequente penalização.

Abraço,

Lisalba

Chefe da Unidade de Apoio Operacional – Hospital Universitário

No e-mail, a fiscal de contrato resgata a controvérsia antecedente que gerou problemas com os funcionários e produziu um trauma que ainda persiste entre eles. Tal controvérsia possui uma influência direta nos modos de gestão pública do hospital nos dias de hoje. Por um lado, os atores do HU buscam estabelecer uma relação amistosa com a Brastump, sendo tolerantes e flexíveis com prazos e possíveis erros. Uma resolução das controvérsias atuais, da mesma forma que a realizada com a controvérsia passada, na qual o HU rompeu o contrato com o Instituto da Qualidade, poderia ser desastrosa para a estabilidade organizacional. Por outro lado, uma posição muito benevolente poderia levar a uma situação insustentável para os funcionários da Brastump que atuam no hospital, desencadeando protestos, tais como aqueles vivenciados no final do ano de 2014, e que tiveram repercussão na mídia local. Era preciso, portanto, balancear entre negociar e disciplinar.

Essa foi uma das estratégias utilizadas pela fiscalização para ajustar diferentes interesses em torno da entrada da Brastump no HU. Isso surtiu efeito positivo, uma vez que os atores envolvidos mostraram-se dispostos a colaborar, como demonstraram em posteriores e-mails de resposta à fiscal: "Excelente posição da Lisalba e da empresa Brastump. Temos que ter o entendimento das adequações que estão ocorrendo" (Marcos, via e-mail); "Deixo aqui também o meu elogio à Lisalba. Excelente!!! (Janaína, via e-mail).

MAS AFINAL, AS CONTROVÉRSIAS SÃO "TÉCNICAS" OU "SOCIAIS"?

A produção e a solução (temporária) das duas polêmicas analisadas demonstram que a tradução de interesses dentro do HU, para que os descontentes passassem a assumir a entrada da Brastump como imprescindível e a reforçá-la como um processo estável, ocorreu por meio de ações tão "técnicas" quanto "sociais" — envolvendo argumentos de expertos, comprovações de pagamento, comprometimentos com a apuração e a penalização nos termos do Contrato. Somente com estas controvérsias temporariamente equacionadas, os atores — planilhas, trabalhadores, demonstrativos — puderam ser alistados e disciplinados à rede do Contrato.

A figura a seguir descreve locais, eventos, e atores que se associaram ao longo do tempo na criação e dissolução de controvérsias, por meio de negociações e práticas disciplinares, da rede principiada a partir da assinatura do Contrato.

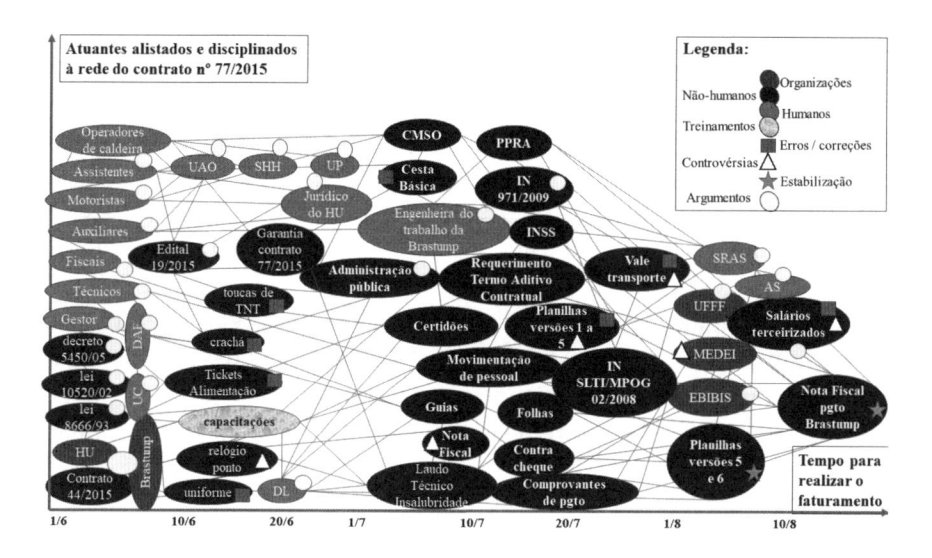

Figura 20: Atores alistados/disciplinados à rede do Contrato até o terceiro mês de prestação de serviços.
Fonte: Elaborado pelos autores.

Como evidencia a figura disposta anteriormente, na expansão da rede do Contrato, elementos dessemelhantes e distantes temporal e espacialmente foram alistados e disciplinados para alcançar uma entrada estável da Brastump no HU, evidenciando a heterogeneidade (dessemelhança) dos elementos que compõem a gestão da administração de um hospital.

DISCUSSÃO

CONTROVÉRSIAS ANTECEDENTES E O ORDENAMENTO ORGANIZACIONAL

Em função da complexidade do contrato, negociar soluções para os problemas emergentes e disciplinar os atores para cumprirem o contrato foram os modos de gestão que Raulzito(a) identificou no hospital. Eles foram, em grande medida, consequência do trauma resultante do rompimento do contrato com o Instituto da Qualidade. Nesse sentido, as controvérsias passadas exerceram grande influência em controvérsias atuais e o papel de um artefato como o contrato tem centralidade nesse processo.

Diferentemente de Hussenot e Missionier (2010, p. 282, tradução nossa), que afirmam que "cada mudança no papel e na natureza do objeto de mediação leva à irreversibilidade no processo", o papel do contrato de estruturar e de organizar as relações entre os atores foi constantemente contestado e até mesmo interrompido. As redes de relações são processos incertos, inacabados e reversíveis (Law, 1992), e as entidades permanecem como tal na medida em que a relação entre elas e seus vizinhos possa continuar estável (Law, 2002). O passado precisava estar presente e ser materializado nas interações, ou o passado poderia ser trazido à tona e até mesmo servir como um meio de se questionar o presente.

Isso leva à ideia de que as controvérsias não são lineares. Para Michaud (2014), a evolução dos modos de governança ocorre, ao longo do tempo, uma vez que as controvérsias conduzem o processo para o período seguinte. Ao contrário, Raulzito(a) demonstrou como uma controvérsia antecedente afeta o processo de organizar, demandando estratégias de gestão (negociar e disciplinar) para estabilizar a rede de atores e evitar sua dissolução. A fiscalização do contrato resgatava nas reuniões e por e-mail a controvérsia antecedente como forma de relembrar que problemas decorrentes de uma associação instável entre hospital, prestador de serviços, funcionários terceirizados, planilhas incorretas, etc., podem produzir realidades indesejáveis como as vivenciadas no passado: dos protestos cobertos pela mídia ao rompimento do contrato.

Negociar (por meio de e-mails, planilhas e reuniões) e disciplinar (por meio de Ofícios e cláusulas contratuais) fez com que os erros da Brastump não fossem vistos como algo natural e deveriam, portanto, ser corrigidos já nos primeiros meses da implementação do contrato. A controvérsia antecedente e as controvérsias atuais produziram modos de gestão específicos (negociar e disciplinar) a partir da mudança de postura dos atores envolvidos e do conhecimento adquirido com o trauma anterior.

CONSIDERAÇÕES FINAIS

Raulzito(a) mapeou e analisou as controvérsias existentes em torno de um artefato organizacional, cuja centralidade no processo de organizar produz formas específicas de ordenamento social. Por meio do Método de Pesquisa controvérsias em negociação, descreveu o processo de estabilização das polêmicas principiadas a partir da assinatura do contrato, bem como as estratégias empregadas pelos interlocutores para garantir uma entrada estável da Brastump no HU. Nas controvérsias — mapeadas por meio de observações, entrevistas, material audiovisual e documentos — emergidas na implementação do contrato, sejam elas supostamente técnicas (planilhas) ou sociais (insatisfação dos funcionários), foram empregados dois modos congruentes de gerir para estabilizar a rede de atores: negociar e disciplinar.

Esses modos de ordenamento criaram equilíbrio suficiente para que a associação entre a Brastump e o HU se estabilizasse, mesmo que de forma temporária. Controvérsias passadas atravessam controvérsias presentes e em grande medida contribuem para a definição dos modos de ordenamento da organização.

Após realizar a pesquisa, o personagem fictício identificou que os estudos organizacionais devem entender que a história organizacional importa, como já evidenciado pela virada histórica nas áreas da Administração (Booth e Rowlinson, 2006).

Depois de redigir a pesquisa, Raulzito(a) entendeu que seria possível colaborar com a literatura existente sobre *Anti-History*, que questiona e critica registros organizacionais históricos. Estava ansioso para contar à professora o que foi, para ele(a), o mais precioso achado: é somente depois de realizar o trabalho no campo, coletar e analisar dados, discutir os achados com colegas e escrever uma redação científica, que um(a) pesquisador(a) consegue aprender se há espaço para colaborar com a teoria existente no campo da Administração e dos Estudos Organizacionais.

Por fim, depois de uma longa jornada no campo acompanhada pela coleta e análise de dados processuais, Raulzito(a) novamente reescreveu a narrativa, agora nos termos da abordagem analítica conhecida como *Anti-History* (e.g., Ollerenshaw e Creswell, 2002; Tureta, Américo e Clegg, 2021).

QUESTÕES REFLEXIVAS

Mas, afinal, o que é preciso lembrar para coletar e analisar dados? Reflexivamente, responda às questões a seguir para lembrar de alguns pontos importantes antes de começar a coletar e analisar dados:

- A observação no campo foi guiada por controvérsias e questões intrigantes?

- Foram mapeadas as principais controvérsias nas quais os atores estavam envolvidos?

- Quais atores estão envolvidos na resolução (temporária) das controvérsias?

- Quais são as categorias de análise observadas no campo que são responsáveis pela estabilização das controvérsias?

- As categorias observadas apontam para alguma literatura de uma das áreas da Administração com a qual é possível colaborar?

LEITURAS COMPLEMENTARES

Como guiar a coleta e análise de dados em uma pesquisa qualitativa? Além do conteúdo inscrito neste capítulo, a tabela disposta a seguir apresenta sugestões de leituras complementares para ajudar na prática de coletar e analisar dados para pesquisas qualitativas.

TEMAS METODOLÓGICOS RELACIONADOS	COMENTÁRIOS	SUGESTÕES DE LEITURA
Entrevistas.	Uma das técnicas mais utilizadas de coleta de dados, na qual o entrevistador questiona (presencialmente e/ou on-line) o entrevistado. A relevância traz críticas, como a de que vivemos na "sociedade da entrevista" (Silverman, 2017).	Keats, 2000; King, 2004; McCracken, 1988; Silverman, 2017; Spradley, 1979.
Pesquisa no campo.	Coletar e analisar dados é uma prática que ocorre durante o trabalho no campo, sendo interessante conhecer a literatura que trata sobre esse tema.	Burgess, 1984; Sapsford and Jupp, 1996.
Observação não participante e participante.	Ferramenta utilizada para coletar dados por meio de imersão na administração/organização. Permite inscrever as relações, experiências e controvérsias evidenciadas em um caderno de campo, podendo ser participante ou não participante.	Bailey, 1998; Emerson, Fretz e Shaw, 2001; Lofland e Lofland, 1995.
Análise de textos e documentos.	Como a análise de narrativa/discurso permite analisar o dito e o não dito em relações sociais, a análise textual — assim como a análise de conteúdo — torna pensável interpretar documentos; suas ideias e significados.	Barthes, 1977; Derrida, 1974; Latour e Woolgar, 1997; Rose, 2001a, b e c.
Análise de multimídias, fotos, audiovisuais.	Esses elementos visuais devem ser coletados para pensar a prática da pesquisa em relação com as observações, entrevistas, documentos. Há pesquisas que estudam, por exemplo, a estética organizacional por meio da fotografia (confira Warren, 2002).	Creswell, 2010; Rose, 2001c; Warren, 2002.
Análise histórica.	A análise da história e dos traços do passado que podem ser observados na prática, em documentos, nas corporações, e em suas imagens.	Kieser, 1994; Norman, Denzin e Yvonna, 2014; Rowlinson, Hassard e Decker, 2014.

Tabela 9: Leituras complementares.
Fonte: Elaborado pelo primeiro autor.

→ **OBJETIVO:** Versar sobre o desafio de escrever uma pesquisa qualitativa tendo em mente o público e o local de publicação.

→ **CAMINHO METODOLÓGICO:** Um(a) novo(a) personagem fictício(a) é apresentado: o(a) estudante quantitativo(o), que foi obrigado pela universidade a desenvolver uma pesquisa qualitativa. Para cumprir com a demanda, encontrou no Método de Pesquisa escrita qualitativa um meio de desenvolver uma pesquisa qualitativa rigorosa e estética.

→ **CAMPO:** A redação da pesquisa qualitativa é o campo de estudos deste capítulo, que é um Apólogo. Ademais, o campo de estudos deste capítulo é composto por instituições que fazem doações — por meio de projetos, como organização temporária — para associações e fundações sem fins lucrativos com foco no meio ambiente.

→ **ACHADOS:** Além de ser transparente e de conhecer o local de publicação do texto, pesquisadores não podem se limitar à replicação de teorias. Pesquisadores são capazes de viver e redigir (representem, performem) as organizações estudadas através do método escrita qualitativa, que aponta para a literatura com a qual investigadores precisam dialogar para contribuir com uma das áreas da Administração.

→ **ORIGINALIDADE:** Mescla métodos cênicos (estético, fictício) e narrativos (categórico, rigoroso), fazendo com que leitores e pesquisadores se preocupem com a escrita antes mesmo de iniciar a investigação qualitativa.

→ **PALAVRAS-CHAVE:** Administração; Fazendo Pesquisa Qualitativa; Escrevendo Pesquisa Qualitativa; Método de Pesquisa Qualitativa; Rigor e estética na pesquisa qualitativa; Categorização Ativa.

---

* Este capítulo reutiliza os dados de um artigo à luz da "escrita como método" para questionar a prática de escrever pesquisas qualitativas na Administração e nos Estudos Organizacionais, a saber: Lacruz, A. J., Moura, R. L. D., & Rosa, A. R. (2019). "Organizing in the Shadow of Donors: How Donations Market Regulates the Governance Practices of Sponsored Projects in Non-governmental Organizations". BAR-Brazilian Administration Review, 16(3).

4

Escrevendo Pesquisas Qualitativas

*Escrito por Bruno Luiz Américo e Adonai Lacruz**

APRENDIZAGEM ESPERADA

Com a leitura deste capítulo, o(a) leitor(a) poderá:

- Conhecer o Método de Pesquisa escrita qualitativa, uma ferramenta que permite escrever um projeto de pesquisa de Natureza Qualitativa de forma rigorosa e estética;

- Entender que o método escrita qualitativa permite "ordenar" a "desordem" observada e praticada no campo, a exemplo dos achados e da contribuição da pesquisa qualitativa;

- Apreciar o uso do método escrita qualitativa por meio de um estudo real, apreendendo os desafios práticos de escrever uma pesquisa qualitativa;

- Atentar para a ética na escrita da investigação, descrevendo de forma clara como os dados foram coletados, analisados e redigidos, bem como disponibilizando aos interlocutores do estudo a redação final da pesquisa qualitativa.

INTRODUÇÃO

Quando devo me preocupar com a redação da pesquisa? Como escrever uma investigação qualitativa que contemple rigor e estética? Este capítulo se relaciona com essas questões elementares e pragmáticas tratadas pela literatura das áreas da Administração (Denzin, 2014; Pratt, 2009; Rhodes, 2002; Richardson, 1994; 2018).

Para versar sobre a escrita de pesquisas qualitativas, são narrados desafios enfrentados por um(a) personagem fictício(a) na redação de uma investigação. Um(a) investigador(a) assumidamente quantitativo(a), que doravante é denominado justamente "estudante quantitativo(a)". Esse(a) aluno(a) passou no mestrado em Administração na Universidade Federal da Paraíba (UFPB), que o(a) encaminhou a fazer uma disciplina de pesquisa qualitativa onde, por sua vez, os estudantes tinham de escrever um projeto de pesquisa de Natureza Qualitativa.

Mesclando métodos cênicos e narrativos (Caulley, 2008), este capítulo não oferece perspectivas sobre a escrita acadêmica, entendida como uma realidade singular e que deve (universalmente) ser guiada pelo rigor e pela verdade (Mol, 2002). Na direção oposta, entende-se que existem diferentes formas de escrita que são constituídas como práticas que constroem realidades múltiplas. A pesquisa qualitativa é representada e performada por distintas formas de escrita (etnografia, teatro, narração de histórias) e, conseguintemente, por múltiplas realidades (práticas de organizações inovadoras, emergentes formas de resistência ao controle) (Derrida, 1974; Mol, 2002; Rhodes, 2002; Strathern, 2005).

ESCREVENDO PESQUISAS QUALITATIVAS

Nas áreas da Administração há mais pesquisas sobre "realização" do que sobre "escrita" de pesquisa qualitativa. Uma busca no Google Acadêmico, sem incluir patentes ou citações, demonstra que 36.800 resultados são gerados para *"doing qualitative research"* (fazendo pesquisa qualitativa) e apenas 3.900 resultados aparecem para *"writing qualitative research"*[1] (escrevendo pesquisa

---

1 https://scholar.google.com.br/scholar?hl=pt-PT&as_sdt=1%2C5&as_vis=1&q=%22doing+qualitative+research%22&btnG= e https://scholar.google.com.br/scholar?hl=pt-PT&as_sdt=1%2C5&as_vis=1&q=%22writing+qualitative+research%22&btnG= - acessado em 21 de março de 2020 às 10h40min.

qualitativa). É relevante focar no "fazer" e na "prática", assim como é entender que a produção das organizações e das teorias envolvem a "escrita" (Cooper, 1989). Desta forma, escritores podem explorar a prática de escrever pesquisas qualitativas com maior profundidade, até mesmo para que possamos ter uma maior diversidade criativa e inovadora de abordagens e gêneros de escrita qualitativa (Bansal, Smith e Vaara, 2018; Gehman et al., 2018).

Especificamente, a literatura sobre "escrevendo pesquisa qualitativa" (*writing qualitative research*), disposta no Google Acadêmico, totaliza apenas oito resultados até 1990 e outros 95 de 1991 a 2000[2]. De 2001 a 2010 houve um pico de interesse sobre o tema, indicando o que pode ser compreendido como a constituição de um novo campo de pesquisa (Latour e Woolgar, 1997): 1.170 resultados foram gerados para esse período[3]. Até 2020, o crescimento foi menor, mas ainda assim significativo.

Uma análise qualitativa desses resultados gerados demonstra que as áreas da Administração começaram a se interessar com mais entusiasmo pelo tema da escrita da pesquisa qualitativa apenas na década de 1990, tornando-se um tópico significativo mais tarde, nos anos 2000. Logo, foi possível distinguir dois grupos de textos produzidos sobre escrita da pesquisa qualitativa, que se dedicam a:

1. oferecer diretrizes e apontar desafios que devem ser superados para que leitores possam produzir investigações qualitativas de sucesso;

2. evidenciar que a escrita da pesquisa qualitativa é um método de inquirir e de ordenar organizações, a partir do qual investigadores contam "histórias" — e não uma "história" verdadeira, válida, rigorosa — de forma reflexiva, ética e estética.

---

[2] https://scholar.google.com.br/scholar?q=%22writing+qualitative+research%22&hl=pt-PT&as_sdt=1%2C5&as_vis=1&as_ylo=1800&as_yhi=1990 e https://scholar.google.com.br/scholar?q=%22writing+qualitative+research%22&hl=pt-PT&as_sdt=1%2C5&as_vis=1&as_ylo=1991&as_yhi=2000 - acessado em 21 de março de 2020 às 14h05min.

[3] https://scholar.google.com.br/scholar?hl=pt-PT&as_sdt=1%2C5&as_ylo=2001&as_yhi=2010&as_vis=1&q=%22writing+qualitative+research%22&btnG= - acessado em 21 de março de 2020 às 13h59min.

No lugar de escolher um dos dois grupos de textos, o(a) estudante quantitativo(a) conciliou diferentes textos no desenvolvimento de uma pesquisa qualitativa que utilizou o Método de Pesquisa escrita qualitativa (Richardson, 1994; 2018). Para demonstrar como o(a) estudante quantitativo(a) conciliou os dois grupos de textos para escrever um projeto de pesquisa de Natureza Qualitativa, esse capítulo utiliza o gênero textual apólogo. Desta maneira, esse capítulo contribui com a diversificação de abordagens e gêneros de escrita qualitativa (Bansal et al., 2018; Gehman et al., 2018). A narrativa do apólogo introduz diferentes personagens e seres imaginários – como textos, cheiros, e sabores – que ilustram diferentes lições de sabedoria e ética relacionadas com o uso do método escrita qualitativa. Contudo, a moral do apólogo deve ser coproduzida por quem o lê.

O(a) estudante quantitativo(a), antes de passar no mestrado na UFPB, dedicava-se a estudar Organizações Não Governamentais (ONGs) a partir de uma perspectiva quantitativa. Em específico, estudava como ONGs produziam sua governança corporativa. "Realidades" e "ficções" são entrelaçadas para cumprir com o seguinte objetivo geral: apresentar o Método de Pesquisa escrita qualitativa para apoiar investigadores com a redação de uma investigação qualitativa que apresente achados e contribuições para uma das áreas da Administração. Espera-se que o método escrita qualitativa apoie investigadores a pensar a redação da investigação qualitativa como uma prática contínua a partir das noções de rigor e estética.

O próximo tópico descreve os primeiros dias do(a) estudante quantitativo(a) no programa de pós-graduação em Administração da UFPB, que foram marcados por calor, angústias, dores e expectativas frustradas. Para preservar o anonimato dos interlocutores envolvidos na pesquisa, os nomes das pessoas e das instituições foram modificados.

OS PRIMEIROS DIAS: A VIDA DE UFPB

Natural de Ecoporanga, Espírito Santo, o(a) estudante quantitativo(a) se mudou para João Pessoa, na Paraíba, empurrado pelos sonhos de conseguir uma bolsa de estudos, ser mestre(a) em Administração, morar na praia, sair da zona de conforto e enfrentar novos desafios. Antes disso, havia se mudado para Aimorés, em Minas Gerais, tendo trabalhado na ONG ambiental Instituto Terra por mais de dez anos. O Instituto Terra é uma associação civil sem fins lucrativos, fundada em 1998 pelo casal Sebastião Salgado e Lélia Deluiz Wanick Salgado para atuar na restauração ecossistêmica, produção de mudas da Mata Atlântica, extensão e educação ambientais. O(a) estudante quantitativo(a), cuja formação é em economia, coordenava o Escritório de Projetos do Instituto Terra, que atua na captação de recursos e no monitoramento e controle de projetos em andamento.

A formação do(a) estudante quantitativo(a) evidencia o motivo pelo qual ele(a) tinha certa aversão à pesquisa qualitativa. Sua experiência profissional esclarece a razão de ele(a) se concentrar em organizações não governamentais do segmento meio ambiente, com atuação no Brasil. Em consonância com sua formação e experiência profissional, o(a) estudante quantitativo(a) fez um projeto de pesquisa direcionado para uma professora da UFPB, Paula, que tem publicações em periódicos de alto fator de impacto em business analytics, gestão de processos de negócio e estratégia operacional. Como se trata de uma das pesquisadoras quantitativas mais influentes do Brasil, o projeto de pesquisa proposto pelo(a) estudante quantitativo(a) pretendia analisar, por meio da técnica Partial Least Squares Structural Equation Modeling, se a governança — construto de 2ª ordem refletido pelos construtos de 1ª ordem que compõem essa estrutura subjacente de governança (conselho de administração, gestão, conselho fiscal, auditoria, transparência e prestação de contas) — impactava positivamente (ou não) no recebimento de recursos vinculados.

Como ficou sabendo em dezembro de 2018 que fora aprovado para começar o mestrado, iniciou a coleta de dados de estatutos, de relatórios de projetos e de auditoria de associações e fundações privadas sem fins lucrativos do segmento meio ambiente com atuação no Brasil. Em fevereiro de 2019, quando se mudou para João Pessoa, já estava com todos os dados coletados e começava a redigir a dissertação antes mesmo do início das aulas. Foi somente em março de 2019, durante a aula inaugural da pós-graduação em Administração da UFPB, que o(a) estudante quantitativo(a) soube que Paula, sua orientadora, havia conseguido recentemente uma licença capacitação de dois anos e estava estudando na North Carolina State University.

Consternado, mal conseguiu colocar atenção nas informações passadas durante a aula inaugural. Sempre teve problemas para lidar com mudanças e, por isso, evitou o improviso. No intervalo, conversou com colegas, apresentou-se e disse que trabalhava com ONGs na perspectiva da pesquisa quantitativa. A percepção geral da "rádio peão", conforme notou, era de que o professor Romário, que trabalha com "organizações e sociedade", seria seu novo orientador. Soube também que o professor era reconhecido pela publicação de pesquisas qualitativas "rigorosas" e de "impacto". Alguns até diziam que Romário era bruto e descomedido. Para Romário, diziam os estudantes, tudo é escrita. Imitando a voz do professor, os(as) colegas diziam: organização e organizing são o que são pela escrita! Todos(as) escutavam e gargalhavam. A aula de pesquisa qualitativa dele, pelo que havia percebido, começava e terminava versando sobre "redação". Ao terminar a aula inaugural, perplexo com a notícia e com o que ouvira dos colegas, levantou e foi conversar com a coordenadora do curso:

— Oi, meu nome é estudante quantitativo(a) — morde o lábio, bate o pé direito, coloca a mão no peito. — Eu...

— Sim, sim. —Interrompe o(a) estudante — Você é o(a) orientando(a) da professora Paula, ops..., ou melhor, do professor Romário! Que fome! Sinto o cheiro do café no ar e o gosto do pão de batata com requeijão na boca, vamos conversando até a cantina?

— Como assim do professor Romário? — pensa e caminha angustiado enquanto escuta seu estômago roncar de fome —Também tenho fome.

— Ótimo, assim sentamos e comemos, em vez de ficarmos aqui papeando de estômago vazio. — Abre a bolsa e tira a carteira — Em vez de um lanche, já que estamos perto do meio-dia, o que me diz de comermos no Restaurante Universitário, o famoso RU da UFPB?

— Pode ser. — Faz cara de indiferença, como quem tem coisas mais importantes para decidir, mexe os ombros o(a) estudante. — Ainda bem que já fiz minha carteirinha.

— Perfeito, assim pegamos o RU vazio. — Ao chegar mais perto, a professora coordenadora esticou os olhos. — Olha! Nada de fila!

— Vamos pegar aquela mesa colada à janela? — Apontou, respirando fundo, o(a) estudante quantitativo(a). — O cheiro está bom.

— De fato, que fresco está perto da janela. — Se abana com o guardanapo a professora coordenadora. — Já te falaram que aqui na Paraíba tem um sol para cada cidadão?

— Não, não. São tantas as novidades. Todas ao mesmo tempo. — Abaixa a cabeça, alinha os talheres milimetricamente, respira fundo. — Mas a novidade que tange o orientador... (#!@).

— Sim, eu sei. — Engole quatro garfadas, uma seguida da outra, limpa a boca, e engole tudo com o suco de caju. — Mas o Romário é um ótimo orientador, você vai ver.

— Ele trabalha com ONGs, mas entende de métodos quantitativos? — Pega o garfo, vira a comida do prato, apoia o garfo na bandeja o(a) estudante. — Pelo menos ele nunca publicou nenhum artigo utilizando "meu" método de pesquisa.

— Por isso ele é o professor de métodos qualitativos. — Insinuou que o(a) estudante quantitativo(a) havia descoberto a América. — De qualquer modo, você é obrigado a fazer a cadeira do Romário logo no primeiro semestre.

— Sim, já estou inscrito. — Come uma primeira garfada, desanimado, o(a) estudante. — Vou tentar. A aula dele é hoje. Mas, e se não der certo? Digamos que ele não é uma unanimidade entre os(as) estudantes com os quais pude conversar.

— Você pode pedir para trocar de orientador. — A professora raspa o garfo inúmeras vezes no prato, reunindo o que sobrou da comida no centro, incomodada com o comentário e fazendo um ruído insuportável. —Mas você precisa tentar antes de tirar conclusões precipitadas.

— Combinado. — O estudante sorri forçadamente, levanta e sai da mesa com a bandeja —Obrigado pelo seu tempo e me desculpe o destempero.

— Sem problemas, sigo à disposição. — A professora espera o(a) estudante sair, levanta da mesa, segue o mesmo rumo e fala consigo mesma: "Que 'papo aranha'. Depois o Romário que é estranho!"

A PRIMEIRA AULA DE PESQUISA QUALITATIVA

Algumas horas depois, durante a primeira aula, o(a) estudante quantitativo(a) pôde conhecer melhor o professor Romário e seus colegas. Contudo, entrou em sala uivando de dor de estômago e com gases que faziam a barriga contorcer. Tentou e não conseguiu se aliviar no banheiro. Todo(a) suado(a), repetia consigo: "Foi o vinagrete!"

O professor Romário pediu que os(as) estudantes se apresentassem. Sete estudantes estavam matriculados, quatro deles se assumiram inexperientes, com posturas diferentes, todavia bastantes humildes. Dois deles se assumiram quantitativos. O último aluno, em especial, era um tanto arrogante, se autodenominando qualitativo. Em paralelo, versou sobre o trabalho de conclusão de curso defendido recentemente, que foi desenvolvido em uma escola de samba local, bem como de seus projetos investigativos futuros.

Dentre todos(as) os(as) estudantes, era notório que os dois quantitativos – uma aluna chamada Ana e o(a) próprio(a) estudante quantitativo(a) – tinham um maior conhecimento sobre coleta e análise de dados. Ana era certificada PMO (Project Manager Officer) e estava acostumada a coletar e analisar grandes quantidades de dados quantitativamente. As semelhanças aproximaram Ana e o(a) estudante quantitativo(a) na disciplina durante todo o curso. As diferenças entre a dupla e o aluno qualitativo tornou, assim por dizer, as aulas mais interessantes. Ainda que não fosse possível afirmar que eram arrogantes, por vezes também faltava modéstia a ambos.

A princípio, o professor Romário ficou preocupado com a dificuldade que teria para ensinar dois estudantes tão fechados na perspectiva quantitativa. As apresentações iniciais, em vez de quebrarem o gelo, propiciaram um cenário de tensão. A dor que o(a) estudante quantitativo(a) sentia parecia não cessar e ele(a) permanecia de cara fechada. Digamos que o "carisma" de Romário também não ajudava muito. Incomodado com a dor e com sua decisão de assistir a aula mesmo se sentindo mal, ao se apresentar, o(a) estudante quantitativo(a) disparou sem pensar:

— Sou um(a) pesquisador(a) quantitativo(a) e sempre baseio meus achados em números, modelos, cálculos. — Abaixa a cabeça e, fazendo força, segura outro "pum". — Não entendo em que medida a pesquisa qualitativa vai me permitir reunir e codificar dados, pois não acredito que pesquisas subjetivas, isto é, embasadas em narrativas, possam ser científicas.

— Pra começar, um mestrando em Administração deveria ter mais dúvidas do que certezas. — O professor levanta da cadeira, se aproxima, e percebe que o(a) estudante quantitativo(a) está suando e decide falar à turma. — Mestrado é um tipo de vestibular para pesquisador e, para vocês serem mestres em Administração, precisam dominar os possíveis modos de inquirir sobre o fenômeno organizacional, quantitativos e qualitativos, no lugar de se fecharem em uma única perspectiva. A pesquisa qualitativa permite reunir e codificar dados de forma rigorosa, indo além da narrativa. Você não sabe por que nunca fez uma, ou estou enganado?

— De fato, nunca desenvolvi uma pesquisa qualitativa. — Estufou o peito com orgulho, contorcendo o estômago, o(a) estudante quantitativo(a). — Sou economista e os números me confortam.

— Não me espanta que questione tanto a cientificidade de pesquisas qualitativas. — Calado, seu olhar se perdeu pela sala, fazendo com que os(as) estudantes se olhassem melindrados. — Não vive as organizações. Não deixa para trás o aconchego dos números, os níveis aceitáveis de significância, as taxas adequadas de retorno, as estratégias para garantir um valor maior do que zero nas células da tabela (Wolcott, 1987) e um p-valor menor do que alpha!

Emburrado, o(a) estudante quantitativo(a) abaixou a cabeça. A pancada foi tão forte e inesperada que, por um momento, esqueceu da dor. Limpou o suor da testa com a mão direita, passando-a nas pernas, que se apertavam lutando contra a cólica de gases. A dor no estômago parecia deixar o(a) estudante confuso. Não podia se concentrar em nada, apenas pensava em que medida uma pesquisa qualitativa pode ser rigorosa. Ao não escutar uma resposta do(a) estudante quantitativo(a), o professor seguiu com a aula. Para ele, as noções científicas de realidade, credibilidade e cientificidade vêm sendo contrapostas e permeadas por práticas investigativas cada vez mais reflexivas, por meio das quais os(as) pesquisadores(as) devem questionar suas próprias práticas e pressupostos. A pesquisa qualitativa deve ser conduzida de maneira "reflexiva", já que nós escrevemos as investigações, mas também "rigorosa". Depois de contrapor as interpretações errôneas do(a) estudante quantitativo(a), enquanto dizia que a disciplina contribuiria com a formação do pensamento crítico dos(as) estudantes, foi interrompido por Ana:

— Não é a primeira vez que você fala de rigor... Como assim "rigorosa"? — abriu o computador e se preparou para anotar. — O rigor, na pesquisa quantitativa, é alcançado por meio da coleta e análise de dados concretos, numéricos, estruturados e estatísticos que permitem que outras pessoas possam obter os mesmos resultados usando os mesmos dados do estudo original.

— Pra começar, não devemos pensar em termos quantitativos para fazer pesquisa qualitativa. — Entrou abruptamente na conversa o aluno qualitativo — Não é mesmo, professor?

— O que nos ensina Pratt (2009), é que não devemos redigir os achados de uma pesquisa qualitativa utilizando lógica ou termos quantitativos. Mais recentemente, Pratt, Kaplan e Whittington (2019) sugeriram que tampouco devemos utilizar critérios quantitativos de qualidade, a exemplo da "replicação", sugerida pela Ana, para julgar a qualidade da pesquisa qualitativa. – O professor se dirigiu à Ana. — Gosto e não vejo problema de pensar a pesquisa qualitativa em analogia com a pesquisa quantitativa, pois é importante o papel metodológico exercido pela analogia na academia. Entretanto, não se deve confundir o rigor na pesquisa qualitativa com o rigor na pesquisa quantitativa!

Como malabarista, Romário mudou o rumo da prosa, dizendo que no decorrer da disciplina, todos poderão entender como redigir uma pesquisa qualitativa rigorosa, mas também estética, representativa e performativa. Em seguida, lembrou a todos(as) que deveriam escrever, individualmente, uma pesquisa qualitativa até o final da disciplina: "O quanto antes vocês começarem a coleta e análise de dados, melhor". O professor pediu para que abrissem o programa da disciplina na terceira página, onde estava inscrito o conteúdo programático (ver tabela a seguir).

TÓPICOS DA DISCIPLINA/ATIVIDADE
Redação como prática contínua (três aulas): <ul><li>Aula sobre escrita como método de descoberta, interpretação e análise;</li><li>Apresentação da escrita como uma prática que antecede o início da pesquisa qualitativa, permitindo seu planejamento e a descoberta do problema da pesquisa.</li></ul>
Redação da Coleta e Análise de Dados (três aulas): <ul><li>Aula sobre como coletar e analisar dados;</li><li>Elaboração do instrumento de coleta de dados (roteiro de entrevista e de observação);</li><li>Apresentação da análise dos dados.</li><li>Apresentação das categorias criadas no campo, frente à teoria.</li></ul>
Redação final da pesquisa (três aulas): <ul><li>Aula de narrativa e estética na pesquisa qualitativa;</li><li>Apresentação dos resultados da redação: problemas e dificuldades.</li></ul>

Tabela 10: Programa de Pesquisa da disciplina de pesquisa qualitativa.
Fonte: Elaborada pelo primeiro autor.

Ao perceber que todos estavam com o programa da disciplina aberto, Romário chamou a atenção para o fato de que os tópicos mesclam as noções de "rigorosidade" e "estética", que são centrais para que pesquisadores possam representar e performar as organizações estudadas. Disse também que todos(as) deveriam notar que a disciplina começa e termina tratando de "Redação", de "Escrita".

Para o professor, o principal Método de Pesquisa é a própria redação qualitativa, já que é por meio dela que podemos "coletar e analisar dados" (ver quadro a seguir), bem como também inquirir sobre os modos de ordenamento nas organizações (Richardson, 1994; 2018). O clima parecia mais leve. "Agimos e inscrevemos", enfatizou o professor, "como nos ensina Cooper (1989), a escrita é sobre ordenamento e não significado!"

ESCREVENDO COMO MÉTODO DE COLETA E ANÁLISE DE DADOS

A escrita como método de inquérito foi proposta por Richardson (1994;2018).

No entendimento de Richardson (1994; 2018), a escrita como método de inquérito é um meio de conhecer. Contudo, para conhecer por meio da escrita, a autora sugere que devemos fazer duas coisas:

- Entender a nós mesmos, de forma reflexiva, como pessoas que escrevem a partir de "posições" e "tempos singulares";
- Assumir que não precisamos escrever um único texto que diga tudo, a todos.

Ao fazer isso, é importante para Richardson (1994;2018) que a pesquisa final contemple uma contribuição para o campo de pesquisa. St. Pierre (2018, p. 1428) parte do trabalho desenvolvido por autores como Richardson (1994) para estabelecer dois passos visando usar a escrita como método de inquérito, os quais podem ser úteis no desenvolvimento de pesquisas qualitativas:

- Escrita como método de coleta de dados, a exemplo de entrevista e observação, já que os dados são coletados apenas por escritos;
- Escrita como método de análise de dados, por meio da qual é possível conduzir as atividades de indução analítica, a exemplo da categorização ativa.

Assim, a escrita pode ser utilizada como um método de conhecimento.

Nenhum ruído era ouvido. O professor, com uma cara rara, lembrava de "Um Apólogo", de Machado de Assis: "Não se ouvia mais que o plic-plic plic-plic da agulha no pano". Os(as) estudantes se olharam desconfiados. Uma estudante chegou com um café e todos ficaram babando. Outro questionou: "Posso escrever uma peça de teatro, por exemplo?". Com cara de empolgado, o professor respondeu positivamente: "Pode não, deve!". Em seguida, o professor se colocou à disposição para ajudar com questões específicas, a exemplo do teatro (Taylor, 2002).

> **SOBRE ADMINISTRAÇÃO, TEATRO E OUTRAS NARRATIVAS (SEMI)FICTÍCIAS**
>
> Steve Taylor é um autor na Administração que emaranha "teatro" e "práticas organizacionais", mostrando ser possível mesclar "rigor" com "estética" na pesquisa qualitativa.
>
> Entretanto, não se trata de uma combinação que começa apenas recentemente a ser utilizada. Nelson Phillips já demonstrava, em 1995, que a Administração aceita que seus estudos utilizem a narrativa de ficção como: ferramenta de ensino-aprendizagem; fonte de dados; método para explorar a aplicabilidade de perspectivas teóricas; e, fonte estética (ver Capítulo 2).
>
> Duas décadas depois, segundo Taylor e Hansen (2005), as áreas da Administração ainda aceitam e promovem análises intelectuais e/ou artísticas de questões instrumentais e/ou estéticas.

Em tom de despedida, o professor lembrou que a escrita deve ocorrer antes mesmo do início da pesquisa. Para o professor, a escrita é um método de inquérito (Richardson, 1994; 2018) que torna possível a coleta e análise de dados (St. Pierre, 2018). Em seu entendimento, é utilizando a escrita que as pessoas fazem sentido do que precisam fazer e de como precisam proceder (Denzin, 2014). E fechou dizendo — e escrevendo no quadro dois tópicos — que, em suma, a pesquisa qualitativa precisa lidar com duas questões aparentemente conflitantes:

> **QUESTÕES QUE NORTEIAM A ESCRITA DE PESQUISAS QUALITATIVAS COMO MÉTODO DE COLETA E ANÁLISE DE DADOS:**
>
> - "rigor" (o que fazer e não fazer?);
> - "estética" (como representar/performar/*enact*/ compor meus achados?).
> - (caderno de campo do(a) estudante quantitativo(a))

— No próximo encontro partimos para o primeiro tópico. Turma liberada!

O EMBATE: ORIENTANDO "QUANTITATIVO" ORIENTADOR "QUALITATIVO"

Assim que a aula terminou, todos(as) levantaram ao mesmo tempo, conversando e ajeitando os materiais. O(a) estudante quantitativo(a), voltando do banheiro, entrou na sala enquanto seus colegas saíam. Dirigiu-se ao professor:

— Olá, novamente. — Disse com cara de concha — Desculpe-me pela ignorância no início da aula. Sou o(a) estudante quantitativo(a) que...

— Sei quem você é, conversei com a coordenadora antes do início da aula. — Disse visivelmente ansioso o professor, interrompendo o(a) estudante — Estou empolgado com o desafio! Olhei seu currículo e sua experiência com o Instituto Terra. Tenho certeza que vamos desenvolver uma pesquisa interessante. Ahhh... eu é que peço desculpas pela resposta enfática.

— Almocei com ela hoje no RU. Nunca mais como aquele vinagrete! — Já sem suar frio e satisfeito com o fato de que o professor havia pesquisado seu currículo, o(a) estudante sorriu. — Na aula, a discussão sobre "rigor" — e o banheiro agora há pouco, apenas pensou contente — me trouxe conforto. Já o tema estética para representar/performar a pesquisa qualitativa me deixou preocupado.

— Esteja presente nas aulas e nada te preocupará. — O professor sorriu e franziu a testa ao mesmo tempo, de forma grotesca, roçando a parte superior do pulso no nariz e filosofando que o que acabara de dizer soou profético — Muito bem pensado, aquele vinagrete é bom para a memória: você fica lembrando dele a cada arroto, ao longo do dia. E já pensou em um objeto de estudo qualitativo para a disciplina?

— É exatamente sobre isso que queria conversar contigo. Na verdade, isso e mais uma outra coisa. — Congelou momentaneamente, incerto da resposta que receberia — Tendo você como orientador, gostaria de saber se poderei defender uma dissertação na perspectiva quantitativa. Se sim, queria discutir os achados quantitativos com o senhor, que tem experiência com o terceiro setor, para pensar no artigo qualitativo para a disciplina.

— Você é quem decide o formato da dissertação. — O professor pegou seu caderno de anotações da mesa e colocou na mala, junto com outros itens, como canetas e apagador — O que me diz de conversarmos na terça-feira da semana que vem, às 15h?

— Combinado. — O estudante anota a data e horário na agenda, contente com o desenrolar do dia — Até breve, professor.

A PRIMEIRA REUNIÃO

O(a) estudante quantitativo(a) gerou uma versão inicial da dissertação para entregar ao professor durante a reunião. Terça-feira, às 14h45min, esperava na frente da sala do professor, com a dissertação impressa em mãos. Alguns minutos depois, o professor chegou e o(a) cumprimentou. Entraram juntos na sala. Havia uma mesa no centro da sala, onde o(a) estudante quantitativo(a) esperou até que o professor se organizasse.

Ao sentar, o professor recebeu a primeira versão da dissertação. Impressionado, agradeceu e disse que em breve voltaria com correções. Pediu que o(a) estudante quantitativo(a) resumisse o documento impresso. O(a) estudante explicou que a dissertação utilizou como dados os documentos de ONGs do segmento meio ambiente com atuação no Brasil, que sugerem que a governança corporativa das ONGS influencia a decisão de doação institucional. Para o(a) estudante:

— ONGs bem organizadas têm maior probabilidade de acessar doações. — e fez uma cara de quem diz... "ou não?" — Mas te pergunto, de que maneira o doador faz pressão sobre a ONG para que ela modifique sua maneira de operar?

— Deixe-me pensar. — Em silêncio, lembrou que as ONGs vêm se profissionalizando — A pressão ocorre por que saímos de um modelo filantrópico para um corporativo de doação, não?

— Talvez, sim. — fazendo cara de dúvida o(a) estudante — O que não fica claro é o que "causou" isso. Ou podemos afirmar que foi a influência da New Public Management também nos movimentos sociais? A dissertação identifica que governança impacta na doação, mas não demonstra quais forças agem para que essa governança seja constituída!

— Por que não investigar qualitativamente os motivos pelos quais as práticas de governança corporativa dominam as ONGs, interpretando como a governança da ONG é produzida na prática?! — Disse com feição de piá de prédio contente, a caminho do playground. — Mas como fazemos isso?

— Teríamos que inverter a lógica utilizada na dissertação. — Lembrou de uma frase ecoada com muita frequência no Instituto Terra: "Quem doa,

doa o que quer, quando quer, como quer e a quem quer!" — Se a dissertação representa as ONGs, a investigação qualitativa deve focar na instituição doadora e nas suas forças que agem para que a governança seja constituída nas ONGs.

— Mas não podemos utilizar o que as instituições doadoras dizem para explicar o que elas fazem — sugeriu enfático o professor — Também precisamos coletar e analisar dados de documentos.

— Podemos coletar dados de documentos e de entrevistas — abaixou a cabeça e anotou no caderno de notas o(a) estudante quantitativo(a) — Documentos como contratos e editais de licitação que vinculam instituições doadoras à ONGs e entrevistas semiestruturadas com executivos de organizações doadoras.

— Fechado. — Olhou o celular enquanto entrou o "aluno qualitativo", que saiu em seguida, dizendo que esperaria "ali fora". — As investigações quantitativas e qualitativas poderão ampliar seu entendimento sobre a vida das ONGs no Brasil.

Depois de apertarem as mãos, o(a) estudante quantitativo(a) saiu. No corredor, saudou com a cabeça o "aluno qualitativo". Foi para a casa refletindo sobre a conexão entre as ONGs que buscam a doação (etapa quantitativa, inscrita na dissertação) e as instituições que fazem doações (etapa qualitativa, inscrita em um artigo por ser construído): como não havia pensado nisso antes?

AS AULAS SOBRE REDAÇÃO: FASE INICIAL DA PESQUISA

Após saudar a todos(as) os(as) estudantes presentes com empolgação, lançou sobre a mesa sua pasta estilo carteiro, esfregou as mãos, e disse, em alto tom, que investigação, pesquisa, TCC, dissertação e tese começam com REDAÇÃO, com ESCRITA — disse em tom exclamativo, sem "ponto", no máximo com "vírgulas". No mesmo ritmo, retomou duas ideias centrais, escrevendo-as em tópicos no quadro, para pensar a escrita como método de inquérito (Richardson, 1994; 2018), ou seja, como ferramenta que torna possível a coleta e análise de dados (St. Pierre, 2018) de forma rigorosa e estética.

No entendimento do professor, esses dois elementos foram tratados na aula anterior, sem muita profundidade. Em um primeiro momento, o professor deu maior ênfase à discussão, lembrando que há textos sobre "rigor" e/ou "estética" na escrita de pesquisa qualitativa.

Para o professor, os textos que focam no "rigor" oferecem diretrizes para que estudantes possam redigir suas investigações com êxito, apontando perigos e dando dicas (Caulley, 2008; Pratt, 2009; Rheinhardt, Kreiner, Gioia e Corley, 2018; Richardson, 2018). Oferecem também diretrizes para a construção da "escrita" bem-sucedida, com ênfase na produção de investigações qualitativas de qualidade e, principalmente, de alto impacto na academia (Pratt, 2009, p. 856). Tendo o sucesso da pesquisa em mente, sugere-se que investigadores usem figuras organizacionais e investigações exemplares para pensar a escrita (Frost e Stablein, 1992; Pratt, 2009); expliquem como saíram dos dados para os achados da pesquisa (Denzin, 2014; Pratt, 2009); conciliem as práticas subjetivas (autoria, reflexividade, autoridade, rigor) e objetivas (representação) da investigação (Richardson, 2018); escolham um estilo interpretativo (e.g. grounded theory, construtivismo, teoria crítica) (Caulley, 2008; Denzin, 2014; Richardson, 2018).

Essas investigações entendem a escrita como método subjetivo de interpretação (Caulley, 2008; Richardson, 2018), a partir do qual investigadores fazem sentido das organizações estudadas. Assim, os(as) leitores(as) são capazes de entender a prática interpretativa da pesquisa (Denzin, 2014; Pratt, 2009). Por conseguinte, é importante apontar que alguns textos, ademais de oferecerem dicas e apontarem problemas, reconhecem que a escrita qualitativa é performativa (Denzin, 2014; Richardson, 2018). Estas investigações entendem que a divisão entre "literatura" (ficção) e "ciência" (fato) está cada vez mais tênue (Richardson, 2018), mas reconhecem que há diferentes audiências e formas de avaliar pesquisas qualitativas (de obras literárias) (Myers, 2018; Richardson, 2018; Silverman, 2013).

Tal qual dilema, a literatura posiciona como perigosa a falta de balanço entre: o dado (coletado, bruto) e a interpretação do dado (teoria fundamentada) (Pratt, 2009); e, a narrativa qualitativa (inspira leitores) e as evidências narradas (convence leitores) (Denzin, 2014). Entretanto, analisando a referida literatura, é notável uma divergência entre "realistas" (Caulley, 2008) e "construtivistas" (Denzin, 2014; Richardson, 2018) com respeito à noção de "verdade" na pesquisa qualitativa. Para os primeiros, a "verdade" é algo que as pesquisas devem buscar e representar, enquanto para os últimos algo se torna "verdade" por meio de um ato de enunciação particular (Ducrot e Todorov, 1979).

Por outro lado, pesquisas críticas e reflexivas entendem a "escrita" de investigações qualitativas como uma prática que se assemelha à realização da investigação em si (Prasad, 1998; Rhodes, 2002; Richardson, 2018). À semelhança dos textos que oferecem diretrizes para organizar a escrita, os trabalhos críticos/reflexivos igualmente entendem que a escrita é um método de interpretação de significados (St. Pierre, 2018), não fazendo distinção entre "ficção" e "fato" (Phillips, 1995). Nesta direção, ao assumir a "escrita" como método interpretativo, tais textos tratam, de forma recorrente, sobre "gêneros" (tragédia, comédia, poesia, ficção, drama) e "estilos" (sintaxe, semântica, dicção, modos narrativos) de escrita, respectivamente, como conceitos "metodológicos" e "descritivos" não privilegiados (Ducrot e Todorov, 1979; Rhodes, 2002); formas oportunas de escrever sobre fenômenos organizacionais (Rhodes, 2002). Contudo, tais textos apontam que mais importante do que o papel metodológico é a função ordenadora e disciplinadora da "escrita", que estrutura e organiza representações sobre e que performam organizações (Rhodes, 2002).

Para estas investigações, a comunicação escrita, ao inscrever a comunicação oral de forma permanente, produziu (e permanece gerando) impactos conceituais e sociais para as nossas sociedades (Goody, 1986). A "divisão do trabalho" e as "teorias organizacionais" são exemplos de produções geradas e ordenadas ao redor da escrita que é levada a cabo em diferentes organizações (universidades, empresas) (Cooper, 1989; Latour e Woolgar, 1997). Para estas pesquisas, os conceitos (teoria) e as estruturas (prática) organizacionais são — na mesma medida — produtos da escrita (Cooper, 1989).

Depois da apresentação introdutória realizada pelo professor, todos faziam anotações sobre como integrar, na escrita da mesma pesquisa qualitativa, "rigor" e "estética'" As apresentações individuais dos textos pelos(as) estudantes, que seguiram a aula introdutória, foram igualmente animadas. Em comum, houve o fato de que os(as) estudantes procuraram relacionar os textos lidos com suas dissertações. Todos(as), de uma maneira ou outra, assumiram posições: construtivistas, realistas, pós-estruturalistas. Para fechar a aula, o professor disse que todos(as) deveriam se sentir orgulhosos, pois, ao final da segunda aula, já sabiam que para realizar uma pesquisa qualitativa precisariam encarar uma tarefa composta, que incluía:

- redigir e analisar de forma constante e reflexiva os dados coletados (notas, observações, leituras, entrevistas) para gerar uma interpretação "rigorosa";

- escrever uma pesquisa que represente (performe, enact) a "estética" da vida organizacional, buscando interessar leitores.

AULAS SOBRE COLETA E ANÁLISE DOS DADOS: REDIGINDO OS ACHADOS DA PESQUISA

Depois das aulas sobre Redação, onde o Tema e o Problema de Pesquisa de cada estudante foram definidos, vieram as aulas sobre Redação da coleta e análise de dados. Nestas aulas, explorou-se, com maiores detalhes, de que maneira os estudantes poderiam utilizar a escrita como método de inquérito (Richardson, 1994; 2018), ou seja, como uma ferramenta que torna possível a coleta e análise de dados processuais em ação (confira Langley, 1999; St. Pierre, 2018).

Em um primeiro momento, o professor deu uma aula introdutória sobre coleta de dados, a partir de diferentes textos que seriam apresentados pelos estudantes durante as próximas aulas (Angrosimo, 2007; Richardson, 2018; Spradley, 1979; St. Pierre, 2018). O professor deu ênfase na coleta de dados por meio da "escrita" de observações, entrevistas, documentos e audiovisuais. Contudo, afirmou que os métodos que utilizamos para coletar dados devem ser constantemente (re)formulados em relação com a ação organizacional no campo de pesquisa (Warren, 2002) e com a própria escrita da investigação (St. Pierre, 2018): é a escrita que performa e representa o campo de pesquisa organizacional na pesquisa qualitativa (confira Warren, 2008).

Em seguida, deu uma aula sobre análise de dados. O professor reconhece que existem diferentes maneiras de analisar dados: "A despeito da estratégia, a análise de dados ocorre por meio da ESCRITA!". Para o professor, a análise dos dados deve ocorrer por meio da constante (re)escrita de uma narrativa (narrative strategy), que pode ou não usar delimitações temporais (temporal bracketing strategy) e mapeamentos visuais (visual mapping strategy) (Langley, 1999).

No entendimento do professor, a criação de representações visuais e a constante (re)escrita da narrativa torna possível que pesquisadores analisem os dados de forma profunda, ao longo do tempo, mapeando quais termos e categorias são centrais para as práticas administrativas estudadas. Para o professor, o Método de Pesquisa escrita qualitativa utiliza de narrativas, enquadramentos temporais, representações visuais e da (re)escrita da narrativa para produzir rigor e estética para a pesquisa qualitativa: "Como nos ensina Pratt (2009), vocês precisam mostrar de que forma foram do dado cru para os temas e conceitos usados para representar os dados". Ele acreditava que o foco do Método de Pesquisa escrita qualitativa na constante (re)escrita sobre a prática organizacional observada permitia que a teoria organizacional fosse construída em relação com o campo de pesquisa.

> **DO "CAMPO" PARA A "TEORIA"**
>
> Para que a teoria organizacional possa emergir do campo de pesquisa, Glaser e Strauss (1990) sugerem que os investigadores considerem pontos importantes antes de iniciar a pesquisa:
>
> - foco em uma prática ou ação organizacional controversa, contestada, relevante, intrigante;
> - explicação de como a prática analisada torna possível o entendimento de um fenômeno organizacional particular (desenvolvimento de teoria);
> - coleta — observação, questionamento, entrevista, descrição de documentos e audiovisuais — e análise de dados para compreender melhor os pontos positivos e negativos da teoria fundamentada em desenvolvimento.

Foi ao menos assim que o professor explicou que a (re)escrita da narrativa sobre a prática pesquisada torna possível identificar categorias analíticas para representar (performar) os dados de forma rigorosa e estética. Sendo assim, gritou o professor, compartilho com o entendimento de Grodal, Anteby e Holm (2020) de que a categorização ativa é importante para que a pesquisa qualitativa entenda e descreva os achados e a contribuição com rigor, desenvolvendo teoria para as áreas da Administração. Para o professor, com exceção dos(as) estudantes que utilizarão do teatro para teorizar esteticamente com base nos estudos de Steven Taylor, por exemplo, todos(as) podem utilizar a categorização ativa de Grodal et al. (2020) para redigir o projeto de pesquisa de Natureza Qualitativa.

A partir de Grodal et al. (2020), o professor explicou que o foco da análise dos dados deve recair sobre a estruturação de "categorias iniciais". O vai e vem que ocorre entre a coleta e a análise de dados permite que o investigador possa refinar — abandonar, mesclar, dividir, relacionar e sequenciar — as "categorias iniciais" para identificar "categorias tentativas" com poder de explicar outras divisões. Como explicou o professor, a teoria é produzida a partir da associação das "categorias iniciais" com a literatura especializada, da elaboração de "categorias tentativas", para contribuir com a literatura, e da consolidação e de "categorias estáveis" para integrar uma teoria com potencial de explicar as práticas observadas no campo.

Pouco antes de terminar a aula, principiou uma discussão acalorada.

BATE-BOCA SOBRE A REDAÇÃO DA COLETA E ANÁLISE DE DADOS

— Acho que agora é o momento de discutirmos "rigor" na pesquisa qualitativa em analogia com "rigor" na pesquisa quantitativa. — disse Ana, em tom sarcástico, tirando o computador da bolsa. — Nos métodos quantitativos, especialmente em surveys, tão comuns nas áreas da Administração, o rigor começa na coleta de dados, onde buscamos evitar, dentre outros, o viés de variância comum. Por exemplo, se quero verificar se a "liderança" impacta o "desempenho do projeto", é recomendado coletar dados sobre "desempenho de projetos" em relatórios, demonstrativos etc. e sobre "liderança" por meio de questionários. Se não for possível fazer a coleta em diferentes fontes de evidência, podemos usar diferentes escalas para as variáveis de cada construto.

— Ótimo exemplo. —abre o caderno de anotações, escreve algo e coça o nariz o professor. — Isso também ocorre na pesquisa qualitativa, que utiliza observação, entrevistas, questionários, e documentos para não explicar uma "prática" com uma "fala" (Cooper, 1989). Na pesquisa qualitativa, como nos ensina Spradley (1979), para não direcionar a resposta do interlocutor da pesquisa, não devemos questionar por que "isso'" influencia "aquilo", mas se e como "isso" influencia, para começo de conversa.

— Interessante. Na pesquisa quantitativa é preciso narrar as etapas que foram perpassadas para demonstrar que uma variável, como "rotatividade", foi retida ou excluída. — disse Ana, com veneno escorrendo nos lábios, empolgando o(a) estudante quantitativo(a) — As diferentes etapas de codificação ativa buscam fazer isso, não é mesmo?

— Você pegou o espírito da coisa! — Respondeu com brilho nos olhos o professor. — Em qualquer periódico científico há uma preocupação muito grande com a rastreabilidade do procedimento.

Mas há um receio maior e uma explicação prolongada na pesquisa qualitativa para garantir a aceitação de leitores e pareceristas com respeito à rastreabilidade dos dados — Neste momento, Ana foi interrompida pelo aluno qualitativo. — É muito simples isso. No caso do meu TCC, descrevi densamente como fui dos dados para os motivos pelos quais a "materialidade" apareceu como um aspecto central do "fazer" carnaval.

— Na pesquisa qualitativa, a rastreabilidade está inscrita, de certo modo, no que os etnógrafos chamam de caderno de campo. — Disse, ignorando a fala e a presença do "aluno qualitativo", o(a) estudante quantitativo(a) — Não é mesmo, professor?

— É óbvio. —Disse abruptamente, abaixando a cabeça, sorrindo em seguida, o aluno qualitativo. — Cada pergunta!

— Tudo é simples ou óbvio para você, parece aquele tiozinho do filme O Poço! — Disse Ana, de forma ríspida, sendo complementada pelo(a) estudante quantitativo(a) — Só que você não entende que seu TCC não basta. O proxy de qualidade de um TCC não é ser aprovado, mas ser publicado em periódicos. É o seu caso?

— Nem o seu caso, não é mesmo? — Olhando nos olhos do(a) estudante quantitativo(a) e do qualitativo, o professor continuou. — Concordo que não há nada de simples ou óbvio na pesquisa qualitativa. Logo, a rastreabilidade não se limita ao caderno de campo, devendo permear toda a pesquisa (Pratt, 2009).

— É exatamente disso que gostei na categorização ativa. — Entrou pacífica na conversa, para então mudar o tom, Ana. — A categorização ativa permite fazer a construção de um modelo nomotético a partir dos dados coletados, de forma qualitativa, e não quantitativamente a partir da literatura.

— Modelo o quê? — Questionou incomodado o estudante qualitativo — É sério que vamos seguir falando de pesquisa quantitativa na aula de pesquisa qualitativa?

— Simpatia, modelo nomotético é quando você estabelece relações entre variáveis: "isso" influencia "aquilo", moderado por "aquele outro". — tentou se recompor, buscando formas de se expressar melhor, Ana. — Os dados coletados por meio das entrevistas, por exemplo, permitem a construção de "categorias iniciais" que, refinadas, geram "categorias tentativas". Ao relacionar as categorias iniciais com a literatura, utilizar as categorias tentativas para pensar problemas de teorias das áreas da Administração, torna-se possível a consolidação de "categorias estáveis" para pensar a produção de teoria a partir de uma espécie, e por que não, de modelo nomotético que pode até mesmo ser testado adiante: um conjunto pequeno de variáveis com uma grande capacidade de explicação!

Bufando, o estudante qualitativo se antecipou a todos, saindo da sala. A aula sobre coleta e análise de dados terminou em seguida. Até o momento, Ana e o(a) estudante quantitativo(a) haviam aceitado a categorização ativa como um modo de alcançar "rigor" e "estética" na pesquisa qualitativa, mas o "aluno qualitativo" permanecia isolado em seu pensamento etnográfico, atrelado à ideia de "descrição densa" como "interpretação", bebendo exclusivamente do pensamento de Clifford Geertz.

A AULA SOBRE REDAÇÃO FINAL DA PESQUISA

Sem muitas delongas, o professor disse que o tempo da última aula seria dividido entre aqueles(as) presentes. Haveria consultoria personalizada, o que foi bem recebido pelos(as) alunos(as) que, coletando e analisando dados em ação, estavam com dúvidas.

O(A) ESTUDANTE QUANTITATIVO(A) NA CONSULTORIA

O professor parecia relaxado. Ao pensar que aquilo era um milagre, o(a) estudante quantitativo(a) começou:

— Lembra quando elaboramos o questionário, que foi respondido pelos doadores? — Fez cara de pesquisador cascudo, que percorreu um largo e árduo caminho. — Havíamos imaginado que a organização doadora impactaria na governança corporativa da ONG e que, consequentemente, o nosso foco seria a organização que faz a doação. Errado! É o projeto!

— A entrevista, que pensamos que nos levaria à governança corporativa, a como ela é produzida, foi "rejeitada"?! — Ambos riram com a analogia com a pesquisa quantitativa. — Quais palavras, em relação com "projeto", foram mais frequentes e vinculadas?

— O contrato do projeto, a prestação de contas do projeto, a entrega do projeto: era tudo muito ligado ao projeto. — Puxou suas anotações o(a) estudante quantitativo(a). — Transparece que as organizações doadoras se interessam na governança do projeto e não das ONGs: as entregas do "projeto", a transparência do "projeto", é isso que importa.

— E a teoria gerada a partir da categorização ativa? — Ao perceber a cara de perdido do(a) estudante quantitativo(a), explicou com outros termos Romário. — Como sua "categoria estável", ou seja, o "projeto", ajuda outros(as) estudantes a pensarem a produção da governança corporativa em ONGs?

— Depois de coletar e analisar o que os informantes e documentos dizem por meio da codificação ativa, busquei descobrir o que a literatura diz a respeito da governança corporativa de ONGs — Mediu as palavras antes de continuar. — A literatura aponta que a governança corporativa impacta a performance das ONGs (Gazley e Nicholson-Crotty, 2018). Contudo, estes estudos consideram apenas a dimensão interna das próprias ONGs, como performance organizacional (Yetman e Yetman, 2012) e conselho administrativo (O'Regan & Oster, 2005).

— O que você está dizendo é que os resultados da pesquisa permitem que você afirme algo além da existência de diferentes caminhos na prática de constituição da governança corporativa de ONGs por parte dos documentos e entrevistados? — Refletindo sobre o que havia dito, reformulou a frase Romário. — Em outros termos, a literatura especializada sugere que a "governança corporativa" é produzida a partir de forças não apenas internas, mas também externas, indicando a necessidade de estudos organizacionais sobre o terceiro setor adotarem diferentes perspectivas?

— Digamos que a literatura especializada não foi cautelosa com as forças externas que atuam na organização da governança. — satisfeito com sua oratória, escreveu no caderno de campo o que disse o(a) estudante quantitativo(a). — Para tratar das forças internas e externas que moldam a governança corporativa de ONGs, encontrei na literatura a noção de "projeto como organização temporária" (Ludin e Söderholm, 1995), que resulta de uma relação contratual entre a ONG e a instituição doa dora: a última contrata a primeira para realizar atividades específicas e previamente acordadas.

— Agora vamos pensar na teoria gerada por sua pesquisa. — Coçando a cabeça, seguiu o professor. — Seu estudo pretende dizer algo sobre a construção da governança corporativa em ONGs. A categorização ativa te ajudou a criar correspondência entre a interpretação das percepções de executivos que trabalham em instituições doadoras e as próprias percepções que suas interpretações revelam. Logo, a construção teórica precisa integrar "realidade" e "escrita sobre a realidade" de tal forma que não se confundam.

— Isso que você diz lembra o que disse Paulo Emílio Salles Gomes. — abriu a mala, buscou um livro e leu o(a) estudante quantitativo(a). — "Invento, mas invento com a secreta esperança de estar inventando certo".

— Nada mal para um(a) estudante quantitativo(a)! — Riu alto e sem noção Romário. — Ao escrever sobre os significados da produção da governança corporativa de ONGs focadas no meio ambiente, demonstre que aquilo que era apenas uma "constatação" de uma realidade particular, o fato de que o projeto é uma organização temporária, se transforme no indício de algo mais "profundo", um arcabouço teórico que permita entender as forças internas e externas que participam da construção da governança corporativa de ONGs no Brasil e no mundo.

— Já sei! — Disse decidido(a) o(a) estudante. — Devo aproveitar da indução, da comparação e da generalização oferecidas pela categorização ativa para desprender a minha interpretação do contexto da pesquisa e conquistar uma existência autônoma, integralizando um construto (teórico-conceitual) que permita a representação e construção de diversas outras realidades particulares encontradas em diferentes ONGs (Américo, Carniel e Clegg, 2019).

Foi assim que professor e estudante puderam gerar a teoria a partir do caso analisado. Com tempo, a partir da consultoria final que teve com o professor, o(a) estudante quantitativo(a) representou os dados qualitativos coletados por meio da adaptação que fez da tabela de categorização ativa oferecida por Grodal et al. (2020) (ver tabela a seguir):

1º QUESTIONAR	Como o mercado de doações influencia a governança de ONGs?
2º FOCAR EM INTRIGAS	É curioso que a atenção do mercado de doações esteja na governança do projeto e não na estrutura organizacional, pois se limita ao período do projeto. Como consequência, a governança das ONGs é "formada" — em certa medida — pelo coletivo da governança dos projetos.
3º DEIXAR CATEGORIAS PARA TRÁS	Após a análise dos documentos (e depois das primeiras entrevistas), ficou claro que o aspecto central estava numa "governança temporária", associada ao projeto que recebe doação e não à governança corporativa, como inicialmente imaginado.

4º UNIR CATEGORIAS	Ao analisar as categorias que emergiram num primeiro nível analítico à luz da lente teórica adotada, foi possível agrupá-las num número menor de categorias. Dessa forma, por exemplo, Práticas, *Follow-up*, *Accountability*, Monitoramento, Auditoria, Gestão e Política foram mescladas numa única categoria, sendo ela: Execução (*Enforcement*).
5º SEPARAR/ CONTRASTAR CATEGORIAS	Foi possível separar a categoria Governança do Projeto em duas categorias: Projeto e Governança Temporária. Isso permitiu distinguir as similitudes e diferenças entre essas categorias analíticas, visto que a categoria Projeto envolve outros elementos além da governança do projeto, como aspectos ligados ao gerenciamento do projeto. Por outro lado, a categoria Governança Temporária ultrapassa os limites da governança do projeto, a exemplo da noção de organização temporária.
6º SEQUENCIAR CATEGORIAS	Ao associar as categorias ao processo de comercialização, a Governança Temporária como categoria central emergiu do processo de codificação. Dessa forma, provou ser uma consequência do Projeto, que é influenciado pela Conformidade e Execução.
7º DESENVOLVER OU ABANDONAR HIPÓTESES	O gerenciamento de projetos oferece uma reflexão à governança por meio da noção de Governança Temporária. Portanto, a governança é (re)moldada pela presença de projetos em um continuum. Surgem as seguintes proposições: **Proposição 1:** As práticas de governança das ONGs são impactadas pela governança temporária derivada de projetos, que, por sua vez, são contornados por aspectos de conformidade e aplicação por pressão de doadores; **Proposição 2:** A transferência dos processos de gestão de doadores para ONGs produz duas sombras sobre as ONGs: (a) existe uma influência das organizações públicas de leis, normas e ações de descentralização do Estado que exige que as ONGs se organizem como o Estado; e (b) do lado corporativo de doadores, é necessária uma organização alinhada aos negócios.

Tabela 11: Categorização ativa dos dados qualitativos.
Fonte: Elaborada pelos autores.

Ao final da disciplina, uma confraternização foi marcada. A coordenadora foi convidada pelos(as) estudantes e compareceu. Conversou com o(a) estudante quantitativo(a) e confirmou que sua percepção havia mudado. Além disso, também informou que, assim como todos os(as) pós-graduandos(as) foram obrigados a fazer pesquisa qualitativa, agora teriam que estudar métodos quantitativos de pesquisa.

Nesse momento, o aluno qualitativo se aproximou de Ana e do(a) estudante quantitativo(a). Os três se desculparam sem se desculpar, por meio de um diálogo que começou estranho e terminou esquisito. O que parecia a cena final de uma batalha interminável, acabou como um momento de troca de informações, marcado por demonstrações cordiais que evidenciavam a existência do respeito (acompanhado e somente possibilitado em relação com o conhecimento) pela Ciência produzida pelo(a) Outro(a) — seja qualitativa, quantitativa ou de métodos mistos.

A "redação" — como a "agulha" e/ou o "professor de melancolia" narrados por Machado de Assis como seres fantásticos em "Um Apólogo" — abre caminho "a muita linha ordinária". Como a "agulha" disse à "linha", um(a) "escritor(a)" poderia dirigir-se à "escrita": "A verdade é que você faz um papel subalterno, indo adiante; vai só mostrando o caminho, vai fazendo o trabalho obscuro e ínfimo. Eu é que prendo, ligo, ajunto". Mas sendo escritor(a), nunca diria isso. Não poderia viver sem a escrita.

CONSIDERAÇÕES FINAIS

Este capítulo apresentou o Método de Pesquisa escrita qualitativa (Richardson, 1994; 2018; Rhodes, 2002; St. Pierre, 2018) para apoiar investigadores que precisam escrever (ou se interessam pela escrita de) pesquisas qualitativas.

A escrita qualitativa evidenciou que a pesquisa qualitativa que começa não é a mesma que termina. A pesquisa qualitativa é constantemente (re)significada por meio da (re)escrita dos dados coletados e analisados em ação. É neste sentido que a escrita, a exemplo da redação de um trabalho de conclusão de curso ou dissertação, como explicam Cooper (1989) e Derrida (1974), é uma prática que torna possível ordenar ideias e não apenas comunicar ou significar teorias. A escrita aparece, também para a Administração e a pesquisa qualitativa em Administração, como um modo de ordenamento (Law, 1994).

O(a) estudante quantitativo(a) significou e ordenou os achados da pesquisa por meio do método escrita qualitativa. Foi por meio da escrita da pesquisa qualitativa que o(a) estudante quantitativo(a) tirou o foco da "instituição doadora" e começou a analisar com maior interesse o "projeto" (e seus documentos, contratos, planos, resultados) financiado pela instituição doadora e executado por ONGs com foco no meio ambiente. Foi ao menos deste modo que o(a) estudante quantitativo(a) conseguiu aproveitar a ideia de "projeto como organização temporária" para construir o que Grodal et al. (2020) chamam de andaime teórico: um modo de analisar a produção de governança corporativa levando em consideração "fatores internos e externos".

Portanto, é possível afirmar que a redação empreendida pelo(a) estudante quantitativo(a) levou a categorias que, quando (inter)conectadas, tornaram possível a produção de teoria organizacional para o terceiro setor em relação com o trabalho no campo. Para os interessados no Método de Pesquisa escrita qualitativa, algumas noções importantes são apontadas:

- a escrita começa no momento em que a pesquisa qualitativa é pensada;
- a escrita como prática contínua e ferramenta de coleta e análise de dados deve ser entendida a partir de duas ideias: "rigor" e "estética";
- as idas e vindas — ordenamento e desordenamento dos dados coletados e analisados — da redação de uma pesquisa qualitativa devem ser descritas de forma "reflexiva", por meio da categorização ativa;
- as idas e vindas oferecidas pela escrita proporcionam os elementos necessários para a produção de uma narrativa (representativa, performativa) rigorosa e estética, com o potencial de interessar o(a) leitor(a).

Dentre as noções relevantes para o Método de Pesquisa escrita qualitativa como ferramenta de coleta e análise de dados, duas se destacam: o "rigor" e a "estética". Enquanto a primeira noção envolve a ideia de "ciência", a segunda, aponta para sua "interpretação". Entretanto, a própria descrição das idas e vindas implícitas na prática de escrever qualquer pesquisa qualitativa pode ser entendida, ao mesmo tempo, como uma forma de obter "rigor" e inspiração "estética" para produzir uma narrativa envolvente. Logo, a literatura especializada nas áreas da Administração, ao investigar a escrita de pesquisa qualitativa, não trata apenas de "rigor" ou de "estética", mas também de "rigor" e "estética". A tabela a seguir sumariza alguns temas relevantes para os textos que tratam de "rigor" e/ou "estética" na escrita de pesquisa qualitativa nas áreas da Administração.

NOÇÕES RELEVANTES PARA A ESCRITA COMO "MÉTODO DE INVESTIGAÇÃO"	TEMAS TRATADOS DENTRO DE CADA NOÇÃO	LITERATURA ESPECIALIZADA
Rigor	Dicas: fisgue o leitor; o que a metodologia deve incluir; escolher entre construir ou colaborar com a teoria; explicar escolhas; demonstrar como foi do dado para o achado; use figuras e imagens para representar a organização; narre uma história; busque um estudo exemplar; use detalhes realistas; use voz ativa; pense na audiência.	Caulley, 2008; Myers, 2018; Pratt, 2009; Rheinhardt, Kreiner, Gioia e Corley, 2018; Richardson, 2018; Silverman, 2013.
	Desafios: não ligar dado à teoria fundamentada; quantificar dados qualitativos; misturar estratégias indutivas e dedutivas sem fundamentação apropriada.	Caulley, 2008; Myers, 2018; Pratt, 2009; Rheinhardt, Kreiner, Gioia e Corley, 2018; Richardson, 2018; Silverman, 2013.
	Plano (*template*) de escrita: contendo título, objetivo, literatura especializada, métodos, possíveis contribuições.	Cassel et al., 2018; Myers, 2018.
	Critérios: contribuição para o campo; mérito "científico" e "estético"; reflexividade; impacto para a teoria e para a prática.	Myers, 2018; Pratt, 2009; St. Pierre, 2018; Caulley, 2008; Richardson, 2018; Silverman, 2013; Rheinhardt et al., 2018.Pierre, 2018.
	Escrita: método "rigoroso" de inquérito.	Denzin, 2014; Richardson, 1994; 2018; St. Pierre, 2018.

Estética	Linguagem e escrita: entre significados e ordenamentos.	Cooper, 1989; Rhodes, 2002; Richardson, 2018.
	Gêneros literários: conceitos metodológicos.	Ducrot e Todorov, 1979; Rhodes, 2002.
	Estilo dos enunciados: conceitos descritivos.	Caulley, 2008; Ducrot e Todorov, 1979; Rhodes, 2002; Richardson, 2018.
	Escrita: estilos de "representar/performar" o Outro na organização.	Cooper, 1989; Denzin, 2014; Rhodes, 2002; Richardson, 2018.
	Escrita: verdade e/ou ficção.	Cooper, 1989; Caulley, 2008; Ducrot e Todorov, 1979; Richardson, 2018.

Tabela 12: Temas relevantes para as noções de "rigor" e "estética" na escrita da pesquisa qualitativa.
Fonte: Elaborada pelo primeiro autor.

Com isso, assim como o(a) estudante quantitativo(a) logrou, o(a) leitor(a) também conseguirá:

• aproveitar do Método de Pesquisa escrita qualitativa; e,

• redigir as idas e vindas proporcionadas pela prática da pesquisa qualitativa por meio, por exemplo, da categorização ativa, gerando "rigor" e "estética" para a pesquisa qualitativa.

À continuação, há questões reflexivas que podem ajudar no planejamento da redação da pesquisa. Há também uma tabela com indicação da literatura complementar, tratando de temas metodológicos relacionados à redação da pesquisa qualitativa que não foram tratados a fundo neste capítulo.

QUESTÕES REFLEXIVAS

Reflexivamente, responda às questões a seguir para pensar (ao mesmo tempo que redige) a pesquisa qualitativa:

- Já escreveu uma narrativa inicial, a partir do começo da categorização ativa dos dados, sobre as primeiras idas e vindas da pesquisa qualitativa?

- Como as "**categorias iniciais**" se relacionam com a literatura especializada?

- As "**categorias tentativas**" tornam possível questionar ou elaborar sobre a literatura especializada?

- A constante reanálise e reescrita dos dados coletados e analisados sugerem "**categorias estáveis**" para criar e integrar um arcabouço teórico?

LEITURAS COMPLEMENTARES

Este capítulo tratou de uma questão inquietante até mesmo para pesquisadores experimentados: como produzir uma redação qualitativa que interesse aos leitores pelo "rigor" e "estética"?

Inúmeros temas e pesquisas foram relacionados aqui para tratar desta problemática. Adicionalmente, a tabela a seguir oferece algumas sugestões de leituras para aprofundar o conhecimento sobre escrita da pesquisa qualitativa como Método de Pesquisa

TEMAS METODOLÓGICOS RELACIONADOS	COMENTÁRIOS	SUGESTÕES DE LEITURA
Introdução à pesquisa.	De maneira geral, livros metodológicos tratam do embasamento e da redação da pesquisa qualitativa.	Flick, 2008; Holliday, 2007.
Pesquisa qualitativa como "arte" e "método".	É importante apreender diferentes modos de explorar a dupla tarefa imposta pela redação de uma pesquisa qualitativa. Ou seja, como considerar o "rigor" e a "estética"?	Johansen, 2013.
Plano de escrita.	Pensar a pesquisa qualitativa por meio de um plano de escrita é uma prática metodológica interessante.	Cassel et al. 2018; Myers, 2018.
Conceitos metodológicos.	Os gêneros literários — tragédia, novela, história de detetive — podem e devem ser pensados como um conceito metodológico para a pesquisa qualitativa.	Ducrot e Todorov, 1979; Rhodes, 2002.
Conceitos descritivos.	Explorar diferentes estilos e possibilidades da linguagem, aproveitando de seus aspectos: verbal, sintaxe e semântica.	Ducrot e Todorov, 1979; Richardson, 2018.
Estética organizacional.	Permite pensar "rigor" e "estética" na pesquisa qualitativa. Neste campo, estão inclusas as pesquisas sobre narrativa de ficção e os métodos visuais na Administração e nos Estudos Organizacionais.	Strati, 2009; 2010; Gagliardi, 2006; Taylor, 2002; Warren 2002; 2008.

Tabela 13: Leituras complementares.
Fonte: Elaborado pelo primeiro autor.

Considerações Finais: Sobre fins e recomeços na pesquisa qualitativa

*Escrito por Bruno Luiz Américo
e Fagner Carniel*

SOBRE FINS E RECOMEÇOS NA PESQUISA QUALITATIVA

Este livro utiliza quatro personagens fictícios, e cada uma das figuras "dramáticas" lidou com diferentes projetos de pesquisa "reais" que nos ajudaram a conhecer quatro Métodos de Pesquisa, descritos em conjunto com emergentes ferramentas de coleta e análise de dados processuais. Os Métodos de Pesquisa foram apresentados em quatro momentos não-lineares, mas fundamentais para a atividade científica (ver Introdução):

- **Capítulo 01:** Iniciando pesquisas qualitativas (ganhar e manter acesso no campo);

- **Capítulo 02**: Escrevendo a revisão da literatura (estado da arte sobre as ideias teóricas inscritas no campo de estudos);

- **Capítulo 03**: Coletando e analisando dados qualitativos (definir categorias para elaborar e/ou desafiar as ideias teóricas em relação com o campo de estudos);

- **Capítulo 04**: Escrevendo pesquisas qualitativas (redigir a contribuição da pesquisa para o campo de estudos, criando um arcabouço teórico e conceitual).

A não linearidade desses quatro momentos que toda pesquisa qualitativa pode percorrer ficou evidente no último capítulo, em que a escrita foi apresentada como um método de inquirir sobre organizações e práticas organizacionais (Richardson, 1994; 2018). Além disso, foi demonstrado que a redação é uma prática que "começa" antes mesmo do "início" da pesquisa. Por outro lado, qualquer texto aparentemente finalizado pode precisar ser reescrito a partir da evidência de algo que ainda não havia sido considerado.

Ademais, objetiva-se recompor os quatro capítulos, entendidos como quatro passos para o conhecimento sobre projeto de pesquisa de Natureza Qualitativa nas áreas da Administração, enfatizando o caráter não finito e não linear dessas etapas. Para isso, traz-se à tona novos personagens por meio de uma narrativa dialógica inspirada no realismo fantástico. A narrativa se passará no ano de 2050, quando um(a) "estudante egresso(a)", que acabou de defender com sucesso seu trabalho de conclusão de curso, procura sua ex-orientadora para publicar os achados da pesquisa em um periódico científico de impacto no campo de sua especialidade.

Contudo, diferentemente do esperado pelo estudante, para publicar seus achados não bastaria (re)formatar e submeter um dos capítulos do seu trabalho de conclusão de curso. Afinal, a publicação de uma pesquisa sempre depende do tipo de interlocução que se pretende realizar. Em outras palavras, elaborar um texto para uma banca, interessada em avaliar a qualidade e a originalidade da investigação realizada para o universo acadêmico, costuma ser uma tarefa diferente da elaboração de um artigo para um periódico científico, interessado nas contribuições ou impactos intelectuais e políticos de determinadas discussões para comunidades acadêmicas específicas.

Para isso, habitualmente, é preciso retroceder antes de avançar com a publicação: retomar o caderno de campo; relembrar como ocorreu o acesso no campo; revisitar os dados coletados e analisados; rearticular a revisão da literatura para que ela converse com os públicos destinados da revista; e redigir uma nova versão da pesquisa. Quem já experimentou esse processo sabe que desencadernar um trabalho que um dia foi tomado como finalizado para iniciar outra construção textual pode se converter em uma tarefa incômoda.

Ademais, custou ao(à) egresso(a) entender que teria que recompor todos os passos percorridos durante a construção e defesa da pesquisa qualitativa para, enfim, poder submetê-la à apreciação de um periódico relevante para a área em que se formara. Sua primeira reação, conforme é demonstrado a seguir, foi negar a pertinência de outros pontos de vista a respeito de uma análise que considerava altamente qualificada.

Logo ele(a), que a menos de uma década tanto criticou aqueles(as) que ainda negavam a legitimidade das evidências científicas das sucessivas pandemias que dizimaram 1/3 da população do planeta em 30 anos. Chegou a acreditar tanto na realidade de seu texto que precisou receber duras críticas antes de compreender que aquilo que escrevera representava somente um retrato parcial, localizado e provisório da dinâmica dos mundos sociais que investigamos.

Ao menos, nesse processo de recomposição da pesquisa, o(a) estudante egresso(a) pôde perceber que qualquer final que se possa atribuir à atividade científica nada mais é do que um ponto de passagem obrigatório para novos (re)começos. E como pode ser apaixonante a descoberta! Afinal, estudamos muito para não precisar continuar sendo e pensando sempre da mesma maneira.

(RE)COMPONDO A PESQUISA QUALITATIVA

Vivendo em isolamento compulsório após a última notificação do aparecimento de um novo surto viral no noroeste da Austrália, o(a) estudante e sua ex-orientadora tiveram que coordenar e distribuir seus esforços à distância. Após trocarem alguns e-mails definindo *qual* capítulo do trabalho de conclusão seria revisitado e *onde* seria publicado, marcaram uma videoconferência para dar início formal às atividades. Durante a videoconferência, discutiram os encaminhamentos necessários para garantir a submissão exitosa de um artigo que comunicasse os achados mais relevantes do trabalho recém-concluído.

A SUBMISSÃO INICIAL DE UMA PESQUISA

— Oiiiiii... estou te vendo!!! — com um sorriso largo, ela acena com a mão — Consegue me ouvir?

— Bom dia, professora. — Sorri também, ajeitando o fone de ouvido e empurrando o cinzeiro para o fundo da mesa. — Você tem fone de ouvido?

— Tenho sim, só um momento. — Agachada, revira gavetas, faz um ruído insuportável, fazendo com que o(a) estudante retire os fones de ouvido — Nossa, bem melhor agora!

— E como está tudo em São Paulo? E a universidade? — O(A) estudante, com cara de curioso(a), torce e retorce o fio do fone de ouvido — Algum estudante interessante surgiu?

— Tudo ótimo. E você, como foi com a mudança? — A professora ajeita, incomodada, o fone de ouvido — Sabia que você foi meu último orientando?!

— Não sabia... então, teremos tempo para trabalhar na publicação de muitos artigos!!! — Sorriu tentando conter a alegria, o(a) estudante — Como definimos por e-mail, vamos trabalhar para publicar o primeiro capítulo, certo? Na Revista da Nova Administração de Empresas (RNAE), verdade?

— Perfeito. — Dizendo com os olhos que, porém, é preciso considerar uma questão — Você entende que se trata, talvez, do periódico nacional com maior fator de impacto na nossa área? De forma geral, as revisões requeridas pela RNAE demandam análises e correções densas. O texto precisa estar traduzido para o inglês, ou estou equivocada?

— Sabia, mas não sabia. — Fala e coça a cabeça com a mão esquerda, escreve com a direita — Acredito que o primeiro capítulo do nosso trabalho de conclusão de curso é perfeito para qualquer periódico, não é mesmo?

— É mesmo, não sabia! — Perplexa, entendeu ser necessário intervir a professora — Pós-pandemia novos periódicos surgiram em torno do que ficou conhecido como a "Nova Administração". Tal notoriedade levou estes periódicos ao extrato A*, de acordo com a Meritocrática Coordenação de Aperfeiçoamento de Pessoal de Nível Superior (MCAPES), a exemplo da RNAE. Depois de você entrar no site do periódico, vai entender que não é bem assim.

— Professora, deixa comigo. Vou ler as diretrizes para autores do periódico. Faço pequenas adequações e submeto o artigo. — Fala como se fosse o craque do time, dando uma entrevista, logo após a conquista do campeonato mundial o(a) estudante — Em seguida, te mando o comprovante de submissão.

— Combinadíssimo. Fico à sua disposição. Sucesso! Dedos cruzados!

💡 BANHO DE REALIDADE

— Oi, professora. — Diz o(a) aluno(a) com uma "cara de bunda" — Você tinha razão, fomos rejeitados pelo Editor (desk reject). Que pé no saco! Nem sequer nos enviou para revisão às cegas pelos pareceristas (blind review).

— Uhm, é um pouco ofensivo, eu sei. — Introspectiva, com cara de "eu já sabia", ficou com pena pela frustração do(a) estudante — Ainda assim, podemos laboriosamente fazer tudo o que for necessário; pelo menos o Editor foi minucioso em seus apontamentos.

— Tudo, você quer dizer, tudo mesmo! — Bateu com a mão na mesa, quase derrubando seu café — Não sei nem por onde começar...

— Com o local da publicação, não concorda? — Eureca! — Busque e encontre um periódico do extrato A* que tenha investigações semelhantes a sua.

— Boa ideia. — Concordava e anotava, com certa apreensão, tudo o que dizia a professora — Aproveitarei para dialogar com estas investigações que irei mapear; quem sabe com isso não aumentamos nossas chances?

— Seguramente, aumentaremos!!! — Concorda com tudo e gosta da nova postura do pupilo, a professora. — O que me diz de falarmos em uma semana? Ademais, coloque as principais críticas em uma tabela antes de redigir a "nova pesquisa", tendo um novo periódico como diretriz.

— "Nova pesquisa" mesmo! — Sorriu animado o(a) estudante, deixando o nervosismo para trás— Como primeiro autor, vou sugerir o local de publicação e produzir a tabela. Antes de gerar uma nova versão da pesquisa, voltamos a conversar.

UM OUTRO LOCAL DE PUBLICAÇÃO, UM NOVO PLANO DE ESCRITA

— Vamos lá de novo. — Ofegante e sem saber por onde começar — Deixe-me passar primeiro a planilha que elaborei com base nos comentários que recebemos do Editor da RNAE.

MÉTODO DE PESQUISA QUALITATIVA

ÁREA	COMENTÁRIO	ATIVIDADE
Resumo / Introdução	Temática de grande relevância (a relação entre "gestão" e "desempenho") com abordagem objetiva, mas inconsistente..	Não assumir como óbvia a necessidade de se avaliar a relação entre "gestão" e "desempenho", que foi observada na organização.
Revisão da literatura	Ausência de Teoria que norteie a pesquisa e com a qual a investigação contribui. Recomenda-se a adoção de alguma teoria que trate de gestão, desempenho e materialidade organizacional. Vocês podem buscar inspiração em livros e periódicos de referência nacional e internacional.	Apenas definimos os conceitos de "gestão" e "desempenho". Mas "materialidade organizacional" aparece no caso e não na fundamentação. Precisamos debater os conceitos observados com o que a literatura fala sobre eles, apresentando resultados de outros estudos que utilizam estas concepções e abarcando fundamentos teóricos.
Acesso no campo e coleta/ análise de dados	1) Um estudo de caso demanda uma autoinspeção, reconhecendo a presença dos autores no estudo. Na revisão, os autores começam a abordar esta questão (pp. 19-20). No entanto, o engajamento é superficial e não é sustentado. 2) Para os autores, o foco da pesquisa se relaciona a inúmeros documentos organizacionais. Talvez mais possa ser dito sobre estes documentos. Por que focar em determinada resolução, por exemplo? Eu gostaria de entender como estes documentos estão implicados na história empírica.	Reflexivamente, narrar detalhes dos 8 meses de observação na organização, 15 horas por semana, para gerar uma descrição que se espera deste prolongado envolvimento. Evidenciar quem eram os atores importantes no estudo (humanos, como os trabalhadores e materiais, como os documentos), como eles se envolveram e os processos e benefícios/desafios de abranger os "materiais", a "gestão" e o "desempenho" da organização.

Redação Final: Achados e Discussão	1) É preciso descrever os recursos materiais e como eles controlam a "gestão" e o "desempenho". Como as diretrizes organizacionais são preenchidas pelos usuários? Qual o papel dos recursos materiais nesse processo? Como os usuários usam documentos? Como o material está envolvido no trabalho? 2) É necessário otimizar o estudo de caso e dar dicas de como cada parte do estudo se vincula ao ponto teórico que os autores pretendem ilustrar.	Vincular as partes empírica e teórica com rigor, ligando a primeira parte do artigo em que o modelo de "gestão" e "desempenho" (incluindo a "materialidade") é introduzido e o estudo de caso. Ao mostrar "como" o caso é um exemplo do modelo analítico, 1) resumir o caso em 1 a 2 páginas e 2) descrever o caso como ilustração do modelo.
Conclusões	As conclusões se encerram com questionamentos vagos e sem indicação de (1) contribuições teóricas/gerenciais/ práticas; (2) limitações; e (3) recomendações para continuidade da pesquisa. É decepcionante ver escassas referências aos empíricos e à própria atividade de pesquisa..	Certamente, o pouco conteúdo teórico (breve referencial teórico e ausência de Teoria) contribui para a fragilização da pesquisa como um todo, não obstante a relevante temática abordada. Costurar melhor a pesquisa da Introdução às Considerações Finais.

Tabela 14: Resumo dos comentários feitos pelo editor da RNAE.
Fonte: Elaborado pelo primeiro autor.

— Ficou mais fácil lidar com aqueles comentários neste formato. — Lê em silêncio por alguns minutos — E optou por algum periódico em especial?

— Pensei no Cadernos Nova Administração. — Fala e clica no mouse em busca de algo, o(a) estudante — Com base na pesquisa que desenvolvi diretamente nos periódicos, esse foi o que publicou mais pesquisas similares à nossa.

— Já li muita coisa deste periódico, mas nunca publiquei nele.

— Satisfeita com a escolha feita pelo(a) estudante, disse a professora — E qual é o próximo passo? A tabela indica que talvez possamos recomeçar pela reanálise dos dados coletados em busca de uma literatura com a qual possamos contribuir. De forma reflexiva, ou seja, considerando o acesso e a participação no campo, o caso em contexto também precisará ser reescrito tendo a nova revisão da literatura como diretriz, não é mesmo?

— Vou produzir uma primeira versão com base na tabela e em diálogo com alguns artigos que baixei. — Interrompe as anotações e suspira profundamente com os olhos fechados, imaginando que tragava o cigarro o(a) estudante — Parece que voltamos no tempo: precisamos novamente definir objetivos, discutir o acesso no campo, fundamentar a pesquisa com base nos dados coletados... enfim, redigir tudo novamente.

É verdade, lembrei agora da nossa primeira reunião, na qual você inaugurou seu caderno de pesquisa vintage. — A professora tira o gato de cima do computador — Lembra do quanto aprendemos naquela época? Lembra como ficamos felizes com as descobertas que fizemos? Acho que será muito emocionante refazer todo o caminho novamente e redescobrir coisas que não conseguimos enxergar na época. Fico no aguardo da primeira versão para fazer minha contribuição.

NOVA SUBMISSÃO, MAS COM NOVA PESQUISA

Depois das inúmeras idas e vindas entre o(a) estudante e a ex-orientadora, a percepção de que se tratava de uma nova pesquisa foi confirmada. Tal percepção foi retificada uma vez que, a partir de uma nova análise dos dados coletados, uma nova revisão da literatura foi produzida. Por conseguinte, a nova bibliografia adicionada permeou e marcou todo o texto, passando a dizer que a "materialidade" não apenas se relaciona com, mas coproduz a "gestão" e o "desempenho" organizacional. As novas considerações finais retomam agora o novo objetivo geral da pesquisa, bem como a discussão que afirmou algo potencialmente inédito para o campo de estudos da Administração.

Mais do que uma percepção, trata-se de fato de uma outra pesquisa, que foi submetida após meses de trabalho. Ambos tiveram que retomar a pesquisa qualitativa defendida pelo(a) estudante. Com a prática, concomitantemente, repensaram como ocorreu (1) o acesso; reescreveram a (2) revisão de literatura; reconsideraram (3) os dados coletados e analisados e (4); redigiram um texto inteiramente diferente que representa e performa significados alternativos para a antiga pesquisa.

NOVA SUBMISSÃO EM CONTEXTO

Não foi por acaso que a ex-orientadora estava sem orientandos. Logo após a defesa do trabalho do(a) estudante, ela teve uma "pane geral" (break down). Havia tempo que acumulava aulas, orientandos(as), bancas, congressos, burocracia, produtividade. Quando a terceira onda da pandemia se agravou e o governo publicou o último índex de assuntos que deveriam ser "evitados" para proteger a integridade do "espírito nacional", a culpa e a indignação por não poder mais desenvolver pesquisas qualitativas acerca dos efeitos sociais das pandemias contribuíram para acelerar seu esgotamento progressivo (burnout).

Assim, ela ficou um ano de licença e estava pronta para voltar. Queria lecionar na pós-graduação novamente. Já tinha até mesmo formulado o programa que desejava ministrar — "Futuro do Pretérito: o fim das biografias na Nova Administração". Para isso, precisava melhorar seu índice de produtividade acadêmica, que foi impactado negativamente depois da parada forçada. Dessa maneira, retomou a turbulenta rotina de trabalho na universidade porque, como aprendera com Aldir Blanc, "sabe que o show de todo artista tem que continuar".

No outro lado da videoconferência, estava o(a) egresso(a), que procurou saber sobre a condição atual de sua ex-orientadora por meio de seus colegas. Diziam que ela se medicava durante as aulas e estava sem acompanhamento médico, psicológico ou nutricional. Sem sucesso, o(a) estudante tentou puxar assunto. Como o gato que ia e vinha, ela passa as videoconferências evitando maiores intimidades. Era bom dia, boa tarde, e direto ao ponto. O(A) estudante sempre pensava sobre isso fumando seus cigarros, sentado(a) na grama, debaixo de um pé de limão, enquanto parafraseava Mario Quintana: "desconfia dos que não fumam".

Na contramão da Nova Sociedade, estruturada pelo lema "trabalho duro e corpo são" que surgiu na passagem da segunda para a terceira onda pandêmica, sentia que apenas conseguiria suspirar por meio de seus tragos. Passou a consumir cafeína, nicotina e outras substâncias estimulantes com maior intensidade depois de concluir sua graduação e ter de lidar com a "realidade recebida" em vez da "realidade esperada". Desempregado(a), buscava uma renda, "atirando para todo lado", para usar uma metáfora que foi cara à sua época. Uma opção seria buscar uma das poucas bolsas de estudo, que atualmente apenas existem para a Administração por se tratar de uma ciência social aplicada. Sabia que tinha que dosar seu consumo, mas a constante busca por empregos, a elaboração e o envio de currículos, a produção de projetos e a leitura de editais, a gravidez desejada que foi autorizada pelo governo, o futuro incerto, nada disso facilitava a missão.

O contato com a ex-orientadora veio a calhar. Trouxe ânimo para continuar. Foi recebido como um "sinal" que indicou um possível "caminho" a ser seguido em um mundo centrado no labor insano com mente sana. Ambos entendiam que a qualidade da pesquisa acadêmica advém da possibilidade de se conferir rostos, experiências e biografias para os índices estatísticos. Cada experiência seria importante porque contaria uma história particular que sempre é tecida em relação a muitas outras histórias particulares. O que nos lembra que os fenômenos, sejam eles considerados globais, nacionais ou locais, são compostos por experiências coletivas que possuem materialidades, corporalidades e sensibilidades diversas.

Para lecionar na pós-graduação e seguir defendendo a importância do qualitativo na pesquisa científica, no entanto, a ex-orientadora precisa apresentar índices suficientes de produtividade intelectual. Um artigo publicado em um periódico de extrato A* também ajudaria o(a) egresso(a) a conseguir uma bolsa de estudos em um Mestrado em Nova Administração. Foi assim que seus interesses e relações — associativas e conflitivas existentes entre escritores, pesquisas, locais de publicação, redações — compaginaram a escrita de uma "nova pesquisa" com potencial de ser publicada e, quem sabe, impactar o campo de estudos da Administração e a trajetória desses acadêmicos: adoradores de textos qualitativos!

CONCLUINDO: REVISÃO PROFUNDA (*MAJOR REVISION*) DAS 4 ETAPAS PERCORRIDAS

Em menos de um mês, o(a) egresso(a) recebeu um e-mail do editor informando que o texto havia sido encaminhado para duas avaliações às cegas. Foi difícil conter a ansiedade enquanto aguardava o retorno daqueles pareceres.

Após alguns meses de espera, ele(a) finalmente obteve a resposta. Ao ler o primeiro parágrafo, soube que a publicação do artigo estaria condicionada a uma ampla revisão (*major revision*). Sem saber exatamente se era uma boa ou uma má notícia, continuou a leitura do e-mail. Primeiro pelos comentários do Editor, depois pelas avaliações de dois revisores. Leu e releu tudo umas três ou quatro vezes até compreender que a ampla revisão de risco seria indigesta. Mesmo assim, havia uma chance. O periódico deu quatro meses para que mais uma versão reformulada do manuscrito fosse submetida.

Em vez de marcar uma nova conferência com sua ex-orientadora, o(a) estudante preferiu coordenar os esforços por e-mail. Ele(a) não estava muito comunicativo(a). Naquele momento, abusava da nicotina. Sabia que participaria do processo de seleção para a bolsa de mestrado em sua cidade natal sem contar com os pontos da publicação – o que o(a) fez refletir constantemente sobre a pertinência de ter "desencadernado" a pesquisa. O excesso de trabalho flerta com a depressão e ele(a) não queria passar por algo semelhante ao que sua ex-orientadora havia experimentado. Por isso, foi em busca de auxílio. Encontrou um aplicativo chamado *Terapias On-line*. Ali então pôde colocar tudo para fora e perceber que a produtividade acadêmica, tão exigida em sua época, não detém um sentido em si. Ela representa apenas um dos múltiplos meios pelos quais tentamos nos expressar e, assim, participar da construção do mundo em que vivemos.

Pode parecer pouco, mas entender que ele(a) escrevia para responder às demandas e aos compromissos que firmou em seu campo de pesquisa, e não para atender às exigências de uma entidade abstrata chamada Academia, fez toda a diferença. Desse modo, o(a) estudante conseguiu deixar de se relacionar com os comentários do Editor e as revisões dos pareceristas como se fossem "acusações" para encará-las como "contribuições" potenciais que sugeriam formas de se lidar com os problemas ativados por sua pesquisa. Quando terminou de sumarizá-los em uma tabela (vide imagem a seguir), conseguiu, enfim, encaminhar o e-mail do periódico para a ex-orientadora.

ÁREA	COMENTÁRIO	ATIVIDADE
Comprimento do artigo.	Simplifique o "caso". Existem muitos detalhes empíricos listados no resumo do seu caso que não estão claramente sinalizados e, portanto, o leitor não tem um guia para entender esses detalhes. Como resultado, a capacidade do leitor de fazer a conexão entre os muitos detalhes do caso e o modelo analítico fica comprometida.	Otimizar o estudo de caso e dar dicas de como cada parte do estudo de caso se vincula ao ponto teórico que se deseja ilustrar. Fazer os argumentos e a contribuição com eficiência para esclarecer "como" você demonstra a teoria no exemplo empírico.
Vincule as partes empírica e teórica do artigo com mais rigor.	Acho que você pode expandir a seção "implicações da contribuição e método", pegando alguns detalhes do "caso" e integrando-os na seção de contribuição.	Esta nova seção seria mais longa (talvez 15 páginas), mas não tão longa que fizesse perder a discussão. Deve ser simplificado para destacar os principais pontos do modelo analítico.
Mais detalhes sobre como você chegou à Figura 1.	Você demonstra quais etapas devem ser seguidas para analisar a produção da "gestão" e do "desempenho" por meio da "materialidade", ilustrando isso por meio da Figura 1. Mas o que aconteceu entre a coleta de dados e a redação do artigo? Em quais estratégias você se envolveu para analisar os dados para escrever o "caso" e construir o modelo analítico?	Trabalhar no artigo para mostrar como foi desenvolvido o modelo analítico apresentado na Figura 1. Evidenciar como os dados coletados foram usados (analisados), demonstrando como chegou-se ao modelo analítico. Focar na contribuição amplamente metodológica do artigo.

Tabela 15: Resumo da Major Revision.
Fonte: Elaborado pelo primeiro autor.

Ao receber o e-mail do(a) estudante, a ex-orientadora pôde até sorrir. Com a demora do processo editorial, que marcava também o ritmo de outras tentativas que ela havia empreendido durante o período, a ex-orientadora seguia com sua rotina de trabalho na universidade. Estava um pouco desanimada com o engajamento de seus(suas) estudantes nas aulas remotas (lives) que fez durante o novo surto pandêmico. No entanto, mantinha-se esperançosa com o fato de que, uma vez publicados seus artigos, novamente poderia integrar o corpo docente da pós-graduação. Quem sabe, tal posição de prestígio acadêmico ajudasse a aumentar a repercussão de suas lives para além dos muros da universidade.

Nesse sentido, ela estimulou a troca de inúmeros e-mails para coordenar e distribuir tarefas, mandar e revisar novas versões, até que todas as sugestões apontadas pelos pareceristas do periódico e representadas pela tabela fossem consideradas. Essa dinâmica permitiu que, em quatro meses, uma "nova versão" da "nova pesquisa" fosse submetida.

Pouco mais de um ano depois da publicação, o(a) estudante e a ex-orientadora se reencontraram em um Fórum Virtual do Congresso Nacional da Nova Administração (CONNA) que foi realizado em Belo Horizonte, que recentemente se tornara a capital do Brasil. O(A) estudante estava com um crucifixo no peito e chupando balas de nicotina para conter como podia o vício após a promulgação da nova Lei Antitabaco. A ex-orientadora, restabelecida na pós-graduação, havia sido convidada para ser autora de uma pesquisa comparativa sobre Pandemia e Administração, e passou a levar a vida profissional de forma mais leve.

Aquele reencontro possibilitou uma longa conversa entre os dois sobre "fins" e "recomeços" no universo científico. Impossível saber a qual conclusão chegaram no distante ano de 2051. De qualquer modo, suas trajetórias nos informam que uma das dimensões mais sensíveis da vida acadêmica envolve a habilidade de voltarmos a nos interessar pelos temas que um dia já pesquisamos. Trata-se de um tipo de vigilância ou de reflexividade por meio da qual aprendemos a perguntar pela pertinência das análises que realizamos e nos disponibilizamos a enfrentar os desafios de modificar nossos pontos de vista iniciais sobre aquilo que estudamos. Para isso, todos nós temos que passar novamente, no mínimo, pelas quatro etapas não lineares e interconectadas: (1) ganhar e manter acesso no campo de estudos; (2) escrever a revisão de literatura; (3) coletar e analisar dados; (4) redigir a pesquisa.

Bibliografia

ABDUL-AZIZ. A. R. "Privatisation of fixed-rail transit systems: a case study of Malaysia's STAR and PUTRA". *Canadian Journal of Civil Engineering*. 33(7), 846-853, 1994.

ACUÑA, A. "Historias de trabajadores chilenos: símbolos y significados culturales". *Estudios de Administración*, 14(2), 2007.

ADLER, P. S. "Perspective – the sociological ambivalence of bureaucracy: from Weber via Gouldner to Marx". 23(1), 244-266. *Organization Science*, 2012.

ADLER, P. S., FORBES, L. C., & WILLMOTT, H. 3 "Critical management studies". 1(1), 119-179. *The Academy of Management Annals*, 2007.

AGUIRRE, E. A. "A Literary Avenue to the Organization-in-the-Mind of a Chilean Worker". 10, 5. *Socio-analysis*, 2008.

AGUIRRE, E. A. *Management Flexible y Toxicidad Organizacional: Socio- análisis de una novela chilena.* 14(21), 11. Facultad de Psicología Universidad Diego Portales Santiago, Chile, 2012.

ALCADIPANI, R., & HODGSON, D. "By any means necessary? Ethnographic access, ethics and the critical researcher". 7(4). Tamara: *Journal for Critical Organization Inquiry*, 2009.

ALLEN, M. W.,GOTCHER, J. M., & Seibert, J. H. "A decade of organizational communication research: Journal articles 1980–1991". 16(1), 252-

330. *Annals of the International Communication Association*, 1993.

ALVESSON, M., & DEETZ, S. "Critical theory and postmodernism approaches to organisation studies". *Handbook of Organization Studies*. 191-217. Sage, Thousand Oaks, CA),1996.

ALVESSON, M., & DEETZ, S. *Doing Critical Management Research.* Sage, 2000.

ALVESSON, M., & WILLMOTT, H. "On the idea of emancipation in management and organization studies". 17(3), 432-464. *Academy of Management Review*, 1992.

ALVESSON, M., & SANDBERG, J. "Generating research questions through problematization". 36(2), 247-271. *Academy of Management Review*, 2011.

ALVESSON, M., & WILLMOTT, H. *Making sense of management: A critical introduction.* Sage, 2012.

AMÉRICO, B. L., CARNIEL, F., & CLEGG, S. R. "Accounting for the formation of scientific fields in organization studies". *European Management Journal*,

37(1), 18-28, 2019.

ANDERSON-LEVITT, K. *Local meanings, global schooling: Anthropology and world culture theory.* ed. Springer, 2003.

ASSIS, M. D. "Um Apólogo". *Para Gostar de Ler*, 9, 59, 2008.

AVITAL, M., MATHIASSEN, L., & SCHULTZE, U. *Alternative genres in information systems research*, 2017.

BAILEY, C. A. *A Guide to Field Research.* Thousand Oaks, CA: Pine Forge, 1998.

BALIGA, B. R., DACHLER, H. P., & SCHRIESHEIM, C. A. *Emerging leadership vistas.* 85-88. J. G. Hunt ed. Lexington, MA: Lexington Books, 1988.

BANSAL, P., SMITH, W. K., & VAARA, E. *New ways of seeing through qualitative research*, 2018.

BARTHES, R. *Images–Music–Text.* London: Fontana, [1961–73] 1977.

BAZELEY, P. "Mixed methods in management research: Implications for the field". 27-35. *Electronic Journal of Business Research Methods*, 2015.

BELL, E., & BRYMAN, A. "The ethics of management research: an exploratory content analysis". 18(1), 63-77. *British Journal of Management*, 2007

BERTENS, H. *Literary theory: The basics.* London: Routledge, 2001 BHAVNANI, K. K., CHUA, P., & COLLINS, D. "Critical approaches to qualitative". 165. *The Oxford Handbook of Qualitative Research*, 2014.

BLAXTER, L. HUGHES, C. AND TIGHT, M. *How to Research.* Milton Keynes: Open University Press, 1996.

BOJE, D. *Narrative Methods for Organizational and Communication Research.* Thousand Oaks, CA: Sage, 2001.

BOJE, D., & AL ARKOUBI, K. "Critical management education beyond the siege". 104-125. *The Sage Handbook of Management Learning, Education and Development*, 2009.

BOJE, D., & AL ARKOUBI, K. "Critical management education beyond the siege". 104-125. *The Sage Handbook of Management Learning, Education and Development*, 2009.

BOOTH, C., & ROWLINSON, M. "Management and organizational history: Prospects". 1(1), 5–30. *Management & Organizational History*, 2006.

BOURDIEU, P. *Outline of a Theory of Practice* (Vol. 16). Cambridge University Press, 1977.

BURGESS, R. G. *In the Field: An Introduction to Field Research.* London: Allen & Unwin, 1984.

BROWN, P., MONTHOUX, G., & MCCULLOUGH, A. *The access casebook.* Stockholm, Sweden: Teknisk Ho¨gskolelitteratur, 1976.

BRUNI, A. "Access as trajectory: Entering the field in organizational ethnography". 9(3), 137-152. *M@n@gement*, 2006.

BRYMAN, A. *Doing Research in Organizations.* London: Routledge, 1988. BURREL, G., & MORGAN, G. *Paradigmas Sociológicos de Análise Organizacional.* Tradução Wellington Martins. Londres: Heineman, 1979.

BURTON, D. "Using literature to support research", in D. Burton (ed.), *Research Training for Social Scientists: A Handbook for Postgraduate Researchers.* London: Sage, 2000.

CABANTOUS, L., GOND, J. P., HARDING, N., & LEARMONTH, M. "Critical essay: Reconsidering critical performativity". 69(2), 197-213. *Human Relations*, 2016.

CASSELL, C. AND SUMON, G. *Essential Guide to Qualitative Methods.* London: Sage, 2004.

CEFAÏ, D. "¿Qué es la etnografía? Debates contemporáneos Primera parte. Arraigamientos, operaciones y experiencias del trabajo de campo". *Persona y Sociedad.* V. 27, no. 1, 2013a.

CEFAÏ, D. "¿Qué es la etnografía? Segunda parte. Inscripciones, extensiones y recepciones del trabajo de campo". *Persona y Sociedad*, 27(3), 11-32, 2013b.

CHARMAZ, K., THORNBERG, R., & KEANE, E. *Evolving grounded theory and social justice inquiry*, 2017.

CHIA, R. *The problem of reflexivity in organizational research: Towards a postmodern science of organization.* Organization, 3(1), 31-59, 1996.

CLEGG, S. "Sociology of organizations". *The Wiley-Blackwell Companion to Sociology*, 164-181, 2012.

CLEGG, S. *Modern organizations: Organization studies in the postmodern world.* Sage, 1990.

CLEGG, S., & BAUMELER, C. "Liquid modernity, the owl of Minerva and technologies of the emotional self". *Liquid Organization* (pp. 55-77). Routledge, 2014.

CLEGG, S. R., COURPASSON, D., & PHILLIPS, N. *Power and organizations.* Pine Forge Press, 2006.

CLEGG, S. R., HARDY, C., LAWRENCE, T., & NORD, W. R. (Eds.). *The SAGE Handbook of Organization Studies.* SAGE, 2006.

CLIFFORD, J. (1990). "Notes on (field) notes". *Fieldnotes: The makings of anthropology*, 1990, 47-70, 1990.

COLQUITT, J. A., & GEORGE, G. *Publishing in AMJ—part 1: topic choice*, 2011.

COOREN, F. *Textual agency: How texts do things in organizational settings.* Organization, 11(3), 373-393, 2004.

CRESWELL, J. W. "Projeto de pesquisa métodos qualitativo, quantitativo e misto". In *Projeto de pesquisa métodos qualitativo, quantitativo e misto*, 2010.

CALÁS, M., & SMIRCICH, L. "Past Postmodernism? Reflection and Tentative Directions". *Academy of Management Review.* 24(4), 649-671, 1999.

CALLON, M. "Society in the Making: the Study of Technology as a Tool for Sociological Analysis". In W. E. Bijker; T. P.Hughes & T. Pinch (Eds.), *The Social Construction of Technological Systems: New Directions in the Sociology and History of Technology* (pp. xxx-xxx). Cambridge, MA: MIT Press, 1989.

CALLON, M. "Writing and (re) writing devices as tools for managing complexity". *Complexities: social studies of knowledge practices*, 191-214, 2002.

CAULLEY, D. N. "Making qualitative research reports less boring: The techniques of writing creative nonfiction". *Qualitative Inquiry*, 14(3), 424- 449, 2008.

CHASE, S. "Narrative Inquiry". *The Sage Handbook of Qualitative Research*, 651–679, 2005.

CONRAD, C. (1990). "Rhetoric and the display of organizational ethnographies". *Annals of the International Communication Association*, 13(1), 95-106.

COOPER, R. "Modernism, post modernism and organizational analysis 3: The contribution of Jacques Derrida". *Organization studies*, 10(4), 479-502, 1989.

COSTAS, J., & FLEMING, P. "Beyond dis-identification: A discursive approach to self-alienation in contemporary organizations". *Human Relations*, 62(3), 353-378, 2009.

CZARNIAWSKA, B. *A Narrative Approach to Organizational Studies.* Thousand Oaks, CA: Sage, 1998.

CZARNIAWSKA, B. "On time, space, and action nets". *Organization*, 11(6), 773-791, 2004.

DAFT, R. L., & WEICK, K. E. "Toward a model of organizations as interpretation systems". *Academy of Management Review*, 9(2), 284-295, 1984.

DANYLCHUK, K. "The Internationalization of Sport Management Academia: Rising to the Challenge". In *Critical Essays in Sport Management* (pp. 149-161). Routledge, 2017.

DENZIN, N. K. "Writing and/as Analysis or Performing the World". *The SAGE handbook of qualitative data analysis*, 569-584, 2014.

NORMAN, K. D., & YVONNA, S. L. (eds), *Strategies of Qualitative Inquiry*. London: Sage, 2008.

DE COCK, C., & LAND, C. "Organization/literature: Exploring the seam". *Organization Studies*, 27(4), 517-535, 2006.

DERRIDA, J. *Of grammatology* (G. C. Spivak, Trans.), 1974.

BALTIMORE, MD: *Johns Hopkins University Press*. (Original work published in 1967)

DIKILI, A. "Eleştirel Yönetim Çalışmaları Ana Akım Yönetim Çalışmalarının Yönünü Değiştirebilir Mi?". In *The Journal of Industrial Relations & Human Resources*, 15(2), 2013.

DIKILI, A. Örgütlerde *Güç Kavramı: Eleştirel Yönetim* Çalışmaları *ile Kaynak Bağımlılığı Yaklaşımı'nın Bakışlarına Dair Karşılaştırmalı Bir* Analiz, 2014.

DONNELLY, P. F., GABRIEL, Y., ÖZKAZANÇ-PAN, B., & KARA, H. "It's hard to tell how research feels: Using fiction to enhance academic research and writing". *Qualitative Research in Organizations and Management: An International Journal*, 2013.

DUCROT, O., & TODOROV, T. *Encyclopedic Dictionary of the Sciences of Language*, trans. C. Porter. Baltimore (Dictionnaire encyclopedie des sciences du langage, Paris 1973), 1979.

DYER, S. "Government, public relations, and lobby groups: Stimulating critical reflections on information providers in society". *Journal of Management Education*, 27(1), 78-95, 2003.

DYER, S. "Critical reflections: Making sense of career". *Australian Journal of Career Development*, 15(1), 28-36, 2006.

ELM, D. R., & TAYLOR, S. S. "Representing wholeness: Learning via theatrical productions". *Journal of Management Inquiry*, 19(2), 127-136, 2010.

EMERSON, R. M., FRETZ, R. I. and Shaw, L. L. "Participant observation and fieldnotes", in P. Atkinson, A. Coffey, S. Delamont, J. Lofland and L. Lofland (eds), *Handbook of Ethnography*. London: Sage. pp. 352–68, 2001.

EMERSON, R. M., FRETZ, R. I., & Shaw, L. L. (2011). *Writing ethnographic fieldnotes*. University of Chicago Press, 2011.

FELDMAN, S. P. "Management ethics without the past: rationalism and individualism in critical organization theory". *Business Ethics Quarterly*, 10(3), 623-643, 2000.

FELDMAN, S. P. *Memory as a Moral DecisiÃ³n: The Role of Ethics in Organizational Culture*. Transaction publishers, 2002.

FINE, G. A. "Ten lies of ethnography: Moral dilemmas of field research". *Journal of Contemporary Ethnography*, 22(3), 267-294, 1993.

FINK, J. S., & BARR, C. A. (2017). "Where Is the Best "Home" for Sport Management?". In *Critical Essays in Sport Management* (pp. 17-25). Routledge, 2017.

FLICK, U. (2008). *Introdução à pesquisa qualitativa*. Artmed editora, 2008. FROST, P. J., MOORE, L. F., LOUIS, M. R., LUNDBERG, C. C., & MARTIN, J. (Eds.). *Reframing organizational culture*. Sage, 1991.

FROST, P. J., & STABLEIN, R. E. (Eds.). *Doing exemplary research*. Sage, 1992.

GABRIEL, Y. "The unmanaged organization: Stories, fantasies and subjectivity". *Organization studies*, 16(3), 477-501, 1995.

GABRIEL, Y. "The hubris of management". *Administrative Theory & Praxis*, 257-273, 1998.

GABRIEL, Y., & CONNELL, N. A. D. "Co-creating stories: Collaborative experiments in storytelling". *Management Learning*, 41(5), 507-523, 2010.

GANDY JR., O. H. "Statistical surveillance: Remote sensing in the digital age". In K. Ball, K. D. Haggerty & K. Ball (Eds.), *Routledge Handbook of Surveillance Studies*. New York: Routledge, 2012.

GAZLEY, B., & NICHOLSON-CROTTY, J. "What drives good governance? A structural equation model of nonprofit board performance". *Nonprofit & Voluntary Sector Quarterly*, 47(2), 262-285. https://doi.org/10.1177/0899764017746019, 2018.

GEHMAN, J., GLASER, V. L., EISENHARDT, K. M., GIOIA, D., LANGLEY, A., & CORLEY, K. G. "Finding theorymethod fit: A comparison of three qualitative approaches to theory building". *Journal of Management Inquiry*, 27(3), 284-300, 2018.

GIOIA, D. A., CORLEY, K. G., & HAMILTON, A. L. "Seeking Qualitative Rigor in Inductive Research: Notes on the Gioia Methodology". *Organizational Research Methods*, 16(1), 15-31, 2012.

GIOIA, D. A., & PITRE, E. "Multiparadigm perspectives on theory building". *Academy of Management Review*, 15(4), 584-602, 1990.

GIVEN, L. M. (Ed.). *The Sage encyclopedia of qualitative research methods*. Sage publications, 2008.

GODOI, C. K., Bandeira-de-Mello, R., & SILVA, A. D. "Pesquisa qualitativa e o debate sobre a propriedade de pesquisar". *Pesquisa qualitativa em estudos organizacionais: paradigmas, estratégias e métodos*. São Paulo: Saraiva, 1-16, 2006.

GOLDSTRAW, K. "Operationalising love within austerity: an analysis of the opportunities and challenges experienced by the voluntary and community sector in Greater Manchester under the coalition government" (2010-2015) (Doctoral dissertation, Manchester Metropolitan University), 2016.

GOLES, T., & HIRSCHHEIM, R. *The paradigm is dead, the paradigm is dead... long live the paradigm: the legacy of Burrell and Morgan*. Omega, 28(3), 249-268, 2000.

GORDON, R. D. "Conceptualizing leadership with respect to its historical– contextual antecedents to power". *The Leadership Quarterly*, 13(2), 151- 167, 2002.

GOODY, J. *The logic of writing and the organization of society*. Cambridge University Press, 1986.

GRAY, D. E. *Pesquisa no mundo real*. Penso Editora, 2016.

GRIMES, A. J. "Critical theory and organizational sciences: a primer". *Journal of Organizational Change Management*, 1992.

GRODAL, S., ANTEBY, M., & HOLM, A. L. "Achieving Rigor in Qualitative Analysis: The Role of Active Categorization in Theory Building". *Academy of Management Review*, (ja), 2020.

HAMEL, G., & PRAHALAD, C. K. "Competing for the future". *Harvard Business Review*, 72(4), 122-128, 1994.

HANSEN, H., BARRY, D., BOJE, D. M., & HATCH, M. J. "Truth or consequences: An improvised collective story construction". *Journal of Management Inquiry*, 16(2), 112-126, 2007.

HARDY, C., & CLEGG, S. "Relativity without relativism: reflexivity in post- paradigm organization studies". *British Journal of Management*, 8, 5-17, 1997.

HARDY, C., PHILLIPS, N., & CLEGG, S. "Reflexivity in organization and management theory: a study of the production of the researchsubject". *Human Relations*, 54(5), 531-560, 2001.

HART, C. *Doing a Literature Review*. London: Sage, 1998.

HASSARD, J., & PARKER, M. (Eds.). *Routledge Revivals: Towards a New Theory of Organizations* (1994). Routledge, 2016.

HECK, R., & HALLINGER, P. "Conceptual models, methodology, and methods for studying school leadership". *The 2nd Handbook of Research in Educational Administration*. San Francisco: McCutchan, 1999.

HERAS-SAIZARBITORIA, I. "The ties that bind? Exploring the basic principles of worker-owned organizations in practice". *Organization*, 21(5), 645-665, 2014.

HERZFELD, M. *The social production of indifference*. University of Chicago Press, 1993.

HEYL, B. S. "Ethnographic Interviewing". In P. Atkinson, A. Coffey, S. Delamont, J. Lofland J., & L. Lofland (Eds.). *Handbook of Ethnography* (xxx-xxx). London, Thousand Oaks e New Delhi: Sage Publications, 2007.

HOLLIDAY, A. *Doing & writing qualitative research*. Sage, 2007.

HORVAT, B. "Alienation and Reification". *Economic Analysis*, 9(1-2), 5-24, 1975.

HUMPHRIES, M. T., & DYER, S. "Introducing critical theory to the management classroom: An exercise building on Jermier's 'Life of Mike'". *Journal of Management Education*, 29(1), 169-195, 2005.

HUMPHRIES, M., DYER, S., & FITZGIBBONS, D. "Managing work and organisations: Transforming instrumentality into relationality". *New Zealand Sociology*, 22(1), 99, 2007.

HUSSENOT, A. "Analyzing Organization Through Disagreements the Concept of Managerial Controversy". *Journal of Organizational Change Management*,

27(3), 373-390, 2014.

HUSSENOT, A., & MISSONIER, S. "A deeper understanding of evolution of the role of the object in organizational process The concept of 'mediation object'". *Journal of Organizational Change Management*, 23(3), 269-286, 2010.

INGOLD, T. *Being alive: Essays on movement, knowledge and description*. Taylor & Francis, 2011.

JACKSON, J. E. "'DEJA ENTENDU' The Liminal Qualities of Anthropological Fieldnotes". *Journal of Contemporary Ethnography*, 19(1), 8-43, 1990.

JARZABKOWSKI, P., BEDNAREK, R., & Lê, J. K. "Producing persuasive findings: Demystifying ethnographic textwork in strategy and organization research". *Strategic Organization*, 12(4), 274-287, 2014.

JENNER, R. A. "Changing patterns of power, chaotic dynamics and the emergence of a post-modern organizational paradigm". *Journal of Organizational Change Management*, 1994.

JERMIER, J. M. "'When the sleeper wakes': a short story extending themes in radical organization theory". *Journal of Management*, 11(2), 67-80, 1985.

JOHANSEN, I. C. "Pesquisa qualitativa: a tensão entre a arte e o método?". *Idéias*, 4, 235-240, 2013.

JUPP, V. *The Sage dictionary of social research methods*. Sage, 2006.

KAARST-BROWN, M. L. "Once upon a time: Crafting allegories to analyze and share the cultural complexity of strategic alignment". *European Journal of Information Systems*, 26(3), 298-314, 2017.

KAMENS, D. H., MEYER, J. W., & BENAVOT, A. "Worldwide patterns in academic secondary education curricula". *Comparative Education Review*, 40(2), 116-138, 1996.

KIESER, A. "Why Organization Theory Needs Historical Analyses—And How This Should Be Performed." *Organization Science* 5 (4): 608–620, 1994.

LAING, R. D. *The divided self: An existential study in sanity and madness*, 1965.
LANGLEY, A. "Strategies for theorizing from process data". *Academy of Management Review*, 24(4), 691-710, 1999.

LAND C, Taylor S (2018) Access and Departure. Cassell C, Cunliffe AL, Grandy G, eds. The SAGE handbook of qualitative business and management research methods (Sage), 4, 465–479.

LANZARA, G. F., & PATRIOTTA, G. "Technology and the Courtroom: an Inquiry into Knowledge Making in Organization". *Journal of Management Studies*, 38(7), 943-971, 2001.

LATOUR, B. *Science in Action: How to Follow Scientists and Engineers through Society*. Cambridge: Havard University Press, 1987.

LATOUR. B. On recalling ANT. In J. Law, & J. HASSARD (Eds.). *Actor network theory and after* (xxx-xxx) Oxford: Blackwell Publishers, 1999.

LATOUR, B. *Reassembling the Social: An Introduction to Actor-Network-Theory.* Oxford: Oxford University Press, 2005.

LATOUR, B. "A Textbook Case Revisited". *Knowledge as mode of existence*, 2007.

LATOUR, B., & AKRICH, M. *A Summary of a Convenient Vocabulary for the Semiotics of Human and Nonhuman Assemblies.* In W. E. Bijker & J. Law. (Eds.) *Shaping Technology-Building Society: Studies in Sociotechnical Change* (xxx--xxx). London: MIT Press, 2000.

LATOUR, B., & WOOLGAR, S. *A vida de laboratório: a produção dos fatos científicos.* Rio de Janeiro: Relume Dumará, 1997.

LAW, J. "Notes on the Theory of the Actor-Network: Ordering, Strategy and Heterogeneity". *Systems Practice*, 5(4), 379-393, 1992.

LAW, J . *Organizing modernity.* Oxford: Blackwell, 1994.

LAW, J . "Objects, Spaces and Others". *Centre for Science Studie*s. Lancaster University, Lancaster, 2000.

LAW, J. "Objects and spaces". *Theory, culture & society*, 19(5/6), 2002. LAW, J., & Singleton, V. "ANT and Politics: Working in and on the World". *Qualitative Sociology*, 36, 485–502, 2013.

LAWRENCE, T. B. "Institutions and Power". *The Sage Handbook of Organizational Institutionalism*, 170, 2008.

LAWRENCE, T. B., Winn, M. I., & Jennings, P. D. "The temporal dynamics of institutionalization". *Academy of Management Review*, 26(4), 624-644, 2001.

LECA, B., GOND, J. P., & BARIN CRUZ, L. "Building 'Critical Performativity Engines' for deprived communities: The construction of popular cooperative incubators in Brazil". *Organization*, 21(5), 683-712, 2014.

LINDBERG, K., & WALTER, L. "Objects-in-Use and Organizing in Action Nets: A Case of an Infusion Pump". *Journal of Management Inquiry*, 22(2), 212-227, 2013.

LINES, R. *Discourse and power: a study of change in the managerialised university in Australia*, 2005.

LUHMAN, J. T. "Theoretical postulations on organization democracy". *Journal of Management Inquiry*, 15(2), 168-185, 2006.

LUHMAN, J. T. "Worker-ownership as an instrument for solidarity and social change". *Ephemera: Theory and Politics in Organisation*, 7(3), 462-474, 2007.

LOFLAND, J. and LOFLAND, L. *Analyzing Social Settings: A Guide to Qualitative Observation and Analysis*, 3rd edn. Belmont, CA: Wadsworth, 1995.

LYNCH, E. *Leadership: an open palm conversation.* Management, 2004.

LYON, D., HAGGERTY, K. D. AND BALL, K. "Introducing surveillance studies". In K. Ball, K. D. Haggerty & K. Ball (Eds.), *Routledge Handbook of Surveillance Studies*. New York: Routledge, 2012.

KEATS, D. M. *Interviewing: A Practical Guide for Students and Professionals*. Milton Keynes: Open University Press, 2000.

MACDERMID, G., & York, U. "Making sense of temporal organizational boundary control". *Research Companion to Working Time and Work Addiction*, 131-157, 2006.

MANN, M. *Consciousness and action among the Western working class*. Macmillan International Higher Education, 1973.

MARTIN, J. *Cultures in organizations: Three perspectives*. Oxford University Press, 1992.

MARTIN, J. *Organizational culture: Mapping the terrain*. Sage publications, 2001.

MARTIN, J. "Feminist theory and critical theory: Unexplored synergies". *Studying management critically*, 66-91, 2003.

MARTINS, G. D. A., Theóphilo, C. R. *Metodologia da investigação científica para ciências sociais aplicadas*, 2, 2007.

MARS, G. *Work Place Sabotage*. Routledge, 2019. MASON, J. *Qualitative Researching*. London: Sage, 1997.

MCCRACKEN, G. *The Long Interview*. Beverly Hills, CA: Sage, 1988. MCKEE, A. *Textual analysis: A beginner's guide*. London: Sage, 2003.

MEYER, J. W., & RAMIREZ, F. O. "The world institutionalization of education". *Discourse formation in comparative education*, 111-132, 2000.

MICHAUD, V. "Mediating the Paradoxes of Organizational Governance through Numbers". *Organization Studies*, 35(1), 75–101, 2014.

MINER, J. B. "The conduct of research and the development of knowledge". In *Organizational Behavior* 1 (pp. 34-50). Routledge, 2015.

MIR, R. A., Mir, A., & Upadhyaya, P. "Toward a postcolonial reading of organizational control". In *Postcolonial theory and organizational analysis: A critical engagement* (pp. 47-73). Palgrave Macmillan, New York, 2003.

MOL, A. *The body multiple: Ontology in medical practice*. Duke University Press, 2002.

MORGAN, G. *Imagens da organização*. São Paulo: Atlas, 1996.

MULDOON, S. D. "Excellent managers: Exploring the acquisition, measurement, and impact of leader skills in an Australian business context" (Doctoral dissertation, Victoria University), 2003.

MUNRO, I. "Non-disciplinary power and network society". *Organization*, 7(4), 679-695, 2000.

MYERS, M. D. "Writing for Different Audiences". *The Sage Handbook of Qualitative Business and Management Research Methods*, 532-45, 2018.

NG, W., & COCK, C. D. "Battle in the boardroom: A discursive perspective". *Journal of Management Studies*, 39(1), 23-49, 2002.

NORD, W. R., & DOHERTY, E. M. "Towards an assertion perspective for empowerment: Blending employee rights and labor process theories". *Employee Responsibilities and Rights Journal*, 9(3), 193-215, 1996.

OLLERENSHAW, J. A., & CRESWELL, J. W. "Narrative research: A comparison of two restorying data analysis approaches". *Qualitative Inquiry*, 8(3), 329-347, 2002.

O'REGAN, K., & OSTER, S. M. "Does the structure and composition of the board matter? The case of nonprofit organizations". *Journal of Law, Economics & Organization*, 21(1), 205-227. https://doi.org/10.1093/jleo/ ewi009 [Links], 2005.

PACKWOOD, A. "Voice and Narrative: Realities, Reasoning and Research Through Metaphor" (Doctoral dissertation, University of Warwick), 1994.

PACKWOOD, A., & SIKES, P. "Adopting a postmodern approach toresearch". *International Journal of Qualitative Studies in Education*, 9(3), 335-345, 1996.

PEREY, R. "Ecological imaginaries: Organising sustainability" (Doctoral dissertation), 2013.

PETICCA-HARRIS, A., DEGAMA, N., & ELIAS, S. R. (2016). A dynamic process model for finding informants and gaining access in qualitative research. *Organizational Research Methods*, 19(3), 376-401.

PHILLIPS, N. "Telling organizational tales: On the role of narrative fiction in the study of organizations". *Organization studies*, 16(4), 625-649, 1995.

PHILLIPS, N., & HARDY, C. *Discourse analysis: Investigating processes of social construction* (Vol. 50). Sage Publications, 2002.

PHILLIPS, M., PULLEn, A., & RHODES, C. "Writing organization as gendered practice: Interrupting the libidinal economy". *Organization Studies*, 35(3), 313-333, 2014.

PITSIS, A. *The Poetic Organization*. Springer, 2014.

PRASAD, P., & CAPRONI, P. J. "Critical theory in the management classroom: Engaging power, ideology, and praxis". *Journal of Management Education*, 21(3), 284-291, 1997.

PRASAD, A., & PRASAD, P. "Reconceptualizing alienation in management inquiry: Critical organizational scholarship and workplace empowerment". *Journal of Management Inquiry*, 2(2), 169-183, 1993.

PRATT, M. G. *From the editors: For the lack of a boilerplate: Tips on writing up (and reviewing) qualitative research*, 2009.

PRATT, M. G., KAPLAN, S., & WHITTINGTON, R. "Editorial Essay: The tumult over transparency: Decoupling transparency from replication in establishing trustworthy qualitative research". *Administrative Science Quarterly*. https://doi.org/10.1177/0001839219887663, 2019.

PUTNAM, L. L., FAIRHURST, G. T., & BANGHART, S. "Contradictions, dialectics, and paradoxes in organizations: A constitutive approach". *The Academy of Management Annals*, 10(1), 65-171, 2016.

RHEINHARDT, A., KREINER, G. E., GIOIA, D. A., CORLEY, K. G., & CASSELL, C. "Conducting and publishing rigorous qualitative research". Cassell C., Cunliffe AL, & Grandy G. *The Sage Handbook of Qualitative Business and Management Research Methods*. Sage, 2018.

RHODES, C. "Sense-ational organization theory! Practices of democratic scriptology". *Management Learning*, 50(1), 24-37, 2019.

RHODES, C. "Writing organization/romancing fictocriticism". *Culture and Organization*, 21(4), 289-303, 2015.

RHODES, C. H. *Text. Plurality and organisational knowledge/I like to write about organisations*. Ephemera, 2002.

RHODES, C., & BROWN, A. D. "Writing responsibly: Narrative fiction and organization studies". *Organization*, 12(4), 467-491, 2005.

RICHARDSON, L. "Writing: A method of inquiry". In N. K. Denzin & Y. S. Lincoln (Eds.), *Handbook of Qualitative Research* (pp. 516–529). Thousand Oaks, CA: Sage, 1994.

RICHARDSON, L.; St. Pierre, E. A. "Writing: A Method of Inquiry". In N. K. Denzin & Y. S. Lincoln (Eds.), *Handbook of Qualitative Research*. Texas A&M University, 2018.

ROSE, G. "Content analysis: counting what you (think you) see". In.: *An Introduction to the Interpretation of Visual Materials*. London: Sage, 2011a.

ROSE, G. "Discourse analysis: text, intertextuality, context". In.: *An Introduction to the interpretation of Visual Materials*. London: Sage, 2001b.

ROSE, G. "Semiology". In.: *An Introduction to the Interpretation of Visual Materials*. London: Sage, 2001c.

ROWLINSON, M., Hassard, J. & Decker, S. "Research strategies for organizational history: A dialogue between historical theory and organization theory". *Academy of Management Review*, 39(3), 250–274, 2014.

RUEL, S. "Multiplicity of 'I's'" in *Intersectionality: Women's exclusion from*

STEM management in the Canadian space industry, 2018.

RYAN, G. W.; BERNARD, R. "Techniques to Identify Themes". *Field Methods*, (15)1, 85–109, 2003.

SALDAÑA, J. "Ethnodrama and ethnotheatre: Research as performance". *The SAGE handbook of qualitative research*, 377-394, 2018.

SAPSFORD, R. and JUPP, V. (eds) *Data Collection and Analysis*. London: Sage, 1996.

SEO, M. G., & CREED, W. D. "Institutional contradictions, praxis, and institutional change: A dialectical perspective". *Academy of Management Review*, 27(2), 222-247, 2002.

SHARMA, R., & RAVINDRAN, T. *The Epistemological Basis for Constructing Data-Driven Narratives*, 2020.

SIEHL, C., & MARTIN, J. *Organizational culture: A key to financial performance?*. Graduate School of Business, Stanford University, 1989.

SEWELL, G. "Language, Knowledge and Power". *The Language of Organization*, 176, 2001.

SILVERMAN, D. *Doing qualitative research: A practical handbook*. SAGE publications limited, 2013.

SILVERMAN, D. (Ed.). *Qualitative research*. Sage, 2016.

SILVERMAN, D. "How was it for you? The Interview Society and the irresistible rise of the (poorly analyzed) interview". *Qualitative Research*, 17(2), 144- 158, 2017.

SINCLAIR, A. "A material dean". *Leadership*, 9(3), 436-443, 2013. SMIRCICH, L., & CALÁS, M. B. *Organizational culture: A critical assessment*, 1987.

SUDDABY, R., & FOSTER, W. M. *History and organizational change*, 2017.

SPRADLEY, J. P. *The Ethnographic Interview*. Belmont, CA: Wadsworth Group & Thomson Learning, 1979.

TAYLOR, E. "The rise of the surveillance school". In K. Ball, K. D. Haggerty & K. Ball (Eds.), *Routledge Handbook of Surveillance Studies*. New York: Routledge, 2012.

TAYLOR, S. S. "Aesthetic knowledge in academia: Capitalist pigs at the academy of management". *Journal of Management Inquiry*, 9(3), 304-328, 2000.

TAYLOR, S. S. "Overcoming aesthetic muteness: Researching organizational members' aesthetic experience". *Human Relations*, 55(7), 821-840, 2002.

TAYLOR, S. S., & Hansen, H. "Finding form: Looking at the field of organizational aesthetics". *Journal of Management Studies*, 42(6), 1211- 1231, 2005.

TRAVERS, A. "Shelf-life zero: a classic postmodernist paper". *Philosophy of the Social Sciences*, 19(3), 291-320, 1989.

THORPE, R., & HOLT, R. (Eds.). *The Sage dictionary of qualitative management research*. Sage, 2007.

TORRE, M. E., et al. "Critical participatory action research on state violence: Bearing wit (h) ness across fault lines of power, privilege and dispossession". *The SAGE handbook of qualitative research*, 492-515, 2017.

TURETA, C., AMÉRICO, B. L., & CLEGG, S. (2021). Controversies as method for ANTi-history: An inquiry into public administration practices. Organization, 13505084211015375.

VAN MAANEN, J. *Tales of the field*. Chicago: University of Chicago Press, 1988.

VENTURINI, T. (2010a). "Diving in magma: How to explore controversies with actor-network theory". *Public Understanding of Science*, 19(3), 258-273, 2010a.

VENTURINI, T. "Building on faults: how to represent controversies with digital methods". *Public Understanding of Science*, 21(7), 796-812, 2010b.

WAGNER, R.. *The invention of culture*. Chicago: University of Chicago Press, 2016.

WARREN, S. "Show me how it feels to work here: using photography to research organizational aesthetics". *Ephemera*, 2(3), 224-245, 2002.

WARREN, S. "Empirical challenges in organizational aesthetics research: Towards a sensual methodology". *Organization Studies*, 29(4), 559-580, 2008.

WEBSTER, C. W. R. "Public administration as surveillance". In K. Ball, K. D. Haggerty & K. Ball (Eds.), *Routledge Handbook of Surveillance Studies*. New York: Routledge, 2012.

WEICK, K. E. "Cognitive processes in organizations". *Research in Organizational Behavior*, 1(1), 41-74, 1979.

WEICK, K. E. "Educational organizations as loosely coupled systems". *Administrative Science Quarterly*, 1-19, 1976.

WENDT, R. F. "Women in positions of service: The politicized body". *Communication Studies*, 46(3-4), 276-296, 1995.

WHITEMAN, G. "Why are we talking inside? Reflecting on traditional ecological knowledge (TEK) and management research". *Journal of Management Inquiry*, 13(3), 261-277, 2004.

WHITEMAN, G., & PHILLIPS, N. "The role of narrative fiction and semi- fiction in organizational studies". *New Approaches in Management and Organization*, London, Sage, 288-299, 2008.

YETMAN, M.H & YETMAN, R. J. "The effects of governance on the accuracy of charitable expenses reported by nonprofit organizations". *Contemporary Accounting Research*, 29(3), 738-767. https://doi.org/10.1111/j.1911-3846.2011.01121.x, 2012

Índice

A

Abertura de novos mercados 52–55
Administração 45–48
Administração e Estudos Organizacionais 83–87

    narrativa de ficção 83–85

Agrupamento temporal 79–82, 100–103
Alianças estratégicas 26–29
Aluno qualitativo 149–152
Ambivalência 94–98
Análise de dados 104–108, 149–153

    delimitações temporais 121–123
    mapeamentos visuais 121–123
    narrativa 121–123

Análise documental 21–24
Andaime teórico 168–172

    fatores internos e externos 168–170

Anti-History 137–139
Atores organizacionais 116–119
Audiovisuais 22–25
Avaliação em larga escala 50–53

B

Benson 88–91
Bertens 103
Boas práticas em educação 45–48
Boletins individuais 49–52
Brastump 126–129
Brumadinho 72–75
Buscas online 46–49
Business analytics 146–149

C

Caderno de campo 65, 119–122
Calendário escolar 47–50
Campo de pesquisa 160–164
Campo organizacional 27–30
Cartografia de controvérsias 104–108
Categorias analíticas 57–60
Categorização Ativa 140–143
Códigos de ética 33
Coleta de dados 104–108, 150–154
Concepção teórica/filosófica 24–27
Controvérsias 115–118

    controvérsia gerencial 114–117
    controvérsias em negociação 104–108

Cotidiano da organização 22–25
Cultura Organizacional 81–85

D

Delimitações temporais 22–25
Deôntica 79–83

    direito (possibilidade 79–81
    obrigação (necessidade) 79–81

Desempenho do projeto 161–165
Desenvolvimento de teoria 160–164
Dissertações 20–23
Divisão do trabalho 158–162

E

Enquadramentos teóricos 23–26
Entrevistas 21–24
Erros nas planilhas 129–132
Escolha da controvérsia 104–107
Estado da arte 69–72

Estética 151–155
Estética organizacional 89–93
    mudez estética 89–91
Estilo interpretativo 157–161
Estratégias de pesquisa 21–24
Estratégias narrativas 22–25
Estudante viajante 87–90
Estudo de caso 21–24
Estudos Organizacionais 77–81
Etnografia 21–24, 143–146

F

Fatos educacionais 51–54
Feedbacks 52–55
Feiras 46–49
Fenômeno organizacional 149–153
Ficha do Projeto de Pesquisa 63–65
Fictocriticism 95–98
Flexibilidade gerencial 95–99
Fluxograma 77–81
Fora da caixa 21–24
Fotos 21–24
Funcionalistas 24–27
Funcionários terceirizados 136–139
Fundamentação teórica 102–103

G

Ganhar e manter acesso 34–37
Generalização 165–169
Geração de gráficos 100–103
Gerenciamento do projeto 166–170
Gestão educacional 43–46
Google Acadêmico 38–41
Governança do Projeto 166–170
    Governança corporativa 164–168
    Governança temporária 165–169

H

Habilidade do(a) investigador(a) 32–33
Herzfeld 56–59
Histogramas 74–78
História empírica 180

Hospital universitário 107–110
Hotel 23–26
Humanistas radicais 24–27

I

Indução analítica 152–156
    categorização ativa 152–154
Informações iniciais 61–64
Insatisfação dos funcionários 129–132
Inscrição literária 74–78
    artigos seminais 74–77
    Método de Pesquisa 74–76
Inscrição organizacional 29–32, 46–49
Instituto da Qualidade 127–130
Instituto Salk 74–78
Instrumento de análise 32–33
Instrumento de coleta de dados 151–155
Interlocutores da pesquisa 106–110
    decretos 106–108
    estratégias 106–110
    máquinas 106–110
    planilhas 106–108
    sistemas 106–110
    trabalhadores 106–108
Interpretativistas 24–27
Introdução 21–24

J

Jacoby 77–80
Jermier 79–83
    falsa consciência 94–98
    teoria da enunciação 84–88
Journal of Management Inquiry 25–28
Justiça social 21–24

K

Kamens 50–53

L

Layouts 36–39
Leituras complementares 103
Levantamento da literatura 21–24
Liderança 161–165
Literatura especializada 29–32, 64–65, 160–164

M

Mapeamentos gráficos 70–73
Mapeamentos visuais 22–25, 44–47, 121–124
Mario Vargas Llosa 109–112
Marxismo Dialético 76–79
Metáforas de análise 37–40
Meta organizacional 27–30
Método de inquérito 152–156
    escrita 152–154
Método de Pesquisa IO 57–61, 58–62
Metodologia qualitativa 65
Mike Armstrong 76–79

N

Narrativa criativa 96–100
Narrativa de história 100–103
Narrative strategy 22–25
Natureza Qualitativa 104–108, 160–164
Noção de movimento 46–49

O

Objetos organizacionais 52–55, 114–117
Observação não participante 22–25
Observação participante 65
Orçamentos 41–44
Organização não gerenciada 82–86
Organizações estudadas 151–155
Organizações Não Governamentais (ONGs) 145–148
Organizações públicas 48–51

Organization Studies 25–28
Organizing 135–138
Orientando "quantitativo'" orientador "qualitativo" 154–158

P

Paradigmas 24–27
Pesquisa-ação 21–24
Pesquisa social aplicada 21–24
Planejamento pedagógico 46–49
Plano de Ensino 109–112
Pós-positivista 24–27
Prática da institucionalização 87–91
    consciência falsa 87–89
    formas de poder 87–89
Práticas organizacionais 27–30
Problema da pesquisa 151–155
Projeto de pesquisa 20–23, 107–109
    empírico 107–111
        estudo de caso 107–109
        etnografia 107–109
        pesquisa-ação 107–109
    teórico 107–109
        revisão sistemática de literatura 107–109
Projetos investigativo 149–153
Projeto Tamar 27–30

Q

Qualidade da pesquisa qualitativa 21–24
Questionários 21–24
Questões locais 46–49
Questões morais/éticas 89–92

R

Reciprocidade 40–43
Redação qualitativa 152–156
Rede do Contrato 134–137
Redes de colaboração 26–29
Redes dinâmicas 113–116
Referencial teórico 69–72

Reflexividade da pesquisa 31–33
Regras metodológicas 41–44, 59–63
Relações interpessoais 62–65
Resgate histórico 117–120
Resistência e Controle à Resistência 70–73
Revisão de literatura 28–31, 60–64, 100–102
Rigor e estética 169–172
Rituais organizacionais 48–51
Ritual burocrático 43–46
Roteiro de observação 63–65, 110–113
Rotina de faturamento mensal 128–131

S

Samarco 72–75
Serviços públicos 48–51
Significados e ordenamentos 170–172
Sistematização do conhecimento 69–72
Sonhos organizacionais 88–92
Storytelling 89–92, 121–125

T

TCCs 20–23
Teatro 143–146
Tema e Problema de Pesquisa 159–163
Templates 28–31
Temporal bracketing strategy 22–25
Teoria ator-rede 85–88
Teoria Crítica 76–79
Teoria fundamentada 157–160
Teoria Marxista Dialética 76–80

Jermier 77–79
Teorias organizacionais 158–162
Teses 20–23
Texto final 32–33
Textos burocráticos 34–37
Tópico de pesquisa 60–64
Trabalhador autorrealizado 76–79
Trabalho burocrático 41–44
Trabalho no campo 63–65, 64–65

U

Unidade de Apoio Operacional (UAO) 126–129
Unidade de Contratos (UC) 126–129
Unidade de Patrimônio (UP) 127–130
Unidade de Processamento da Informação Assistencial (UPIA) 132–135

V

Vale 72–75
Variáveis 161–165
Venturini 110–113
Vida organizacional 159–163
Videocassete recording 115–118
Vídeos 21–24
Viés de variância comum 161–165
Visual mapping strategy 22–25

W

Webster 48–51
Weick 40–43, 56–59
Whiteman 88–91
Woolgar 26–29, 61–64
Writing qualitative research 143–146

Projetos corporativos e edições personalizadas
dentro da sua estratégia de negócio. Já pensou nisso?

Coordenação de Eventos
Viviane Paiva
viviane@altabooks.com.br

Assistente Comercial
Fillipe Amorim
vendas.corporativas@altabooks.com.br

A Alta Books tem criado experiências incríveis no meio corporativo. Com a crescente implementação da educação corporativa nas empresas, o livro entra como uma importante fonte de conhecimento. Com atendimento personalizado, conseguimos identificar as principais necessidades, e criar uma seleção de livros que podem ser utilizados de diversas maneiras, como por exemplo, para fortalecer relacionamento com suas equipes/ seus clientes. Você já utilizou o livro para alguma ação estratégica na sua empresa?

Entre em contato com nosso time para entender melhor as possibilidades de personalização e incentivo ao desenvolvimento pessoal e profissional.

PUBLIQUE SEU LIVRO

Publique seu livro com a Alta Books. Para mais informações envie um e-mail para: autoria@altabooks.com.br

/altabooks   /alta-books   /altabooks   /altabooks

CONHEÇA OUTROS LIVROS DA **ALTA BOOKS**

Todas as imagens são meramente ilustrativas.

Este livro foi impresso nas oficinas gráficas da Editora Vozes Ltda.,
Rua Frei Luís, 100 – Petrópolis, RJ.